程序设计基础实践教程

CHENGXU SHEJI JICHU SHIJIAN JIAOCHENG

陈海建　主编

复旦大学出版社

内容提要

本书以.NET Framework 2.0技术的Microsoft Visual Basic 2005为平台，详细介绍了Visual Basic 2005编程基础知识、常用控件、流程控制、界面设计、面向对象编程思想、ADO.NET数据库访问技术，以及开发企业规模的Windows应用程序。本书采用"导学—自学—助学"三维互动教学模式，所举案例简单实用，配套视频简洁明了，程序设计思路明确，知识描述通俗易懂。本书以学生为主体对象，以培养逻辑思维为核心，以完成和实现案例为手段，旨在培养学生独立思考和解决问题的能力，提高学生自学、创新和理论联系实践的能力，增强学生互助和团队协作精神。

本书配套光盘提供所有案例和实验的源程序以及详细操作视频。所有源程序都在Windows XP平台和Microsoft Visual Studio 2005环境下调试通过，共有近100个、约60小时的操作视频，是完整的离线自学系统。

本书适合Microsoft Visual Basic 2005的初级和中级用户，可作为高职高专院校相关专业和计算机培训班的教材，也可以作为一般计算机技术人员以及软件爱好者的自学参考书。

前言

自 2000 年微软宣布.NET 战略以来,在短短的几年时间内,.NET 已经从战略变成了现实。.NET 是微软的新一代技术平台,为敏捷商务构建互联互通的应用系统,这些系统是基于标准的、联通的、适应变化的、稳定的和高性能的。从技术的角度,一个.NET 应用是一个运行于.NET Framework 之上的应用程序。更精确地说,一个.NET 应用是一个使用.NET Framework 类库来编写,并运行于公共语言运行时 Common Language Runtime 之上的应用程序。

Visual Basic.NET 2005 作为 Microsoft Visual Studio 2005 的开发语言之一,继承了原来 Basic 语言的所有优点,同时,微软又在其中增加了大量的激动人心的功能,如 My 命名空间、ToolStrip 系列控件、结构化异常处理、泛型、异步调用等新技术和新理念,使用户运用 Visual Basic.NET 2005 开发.NET 项目变得更加得心应手。虽然 Visual Basic.NET 版本已经到了 2010,甚至 2012,但是这些版本需要高档的硬件和高配的软件支撑,作为初学者,Visual Basic.NET 2005 是最佳选择,它包含.NET 所有精华部分,能够满足一般项目开发的需求。

本书以 Visual Basic.NET 2005 为教学平台,采用"导学—自学—助学"三维互动教学模式,所举案例简单实用,配套视频简洁明了,程序设计思路明确,知识描述通俗易懂。本书以学生为主体对象,以培养逻辑思维为核心,以完成和实现案例为手段,旨在培养学生独立思考和解决问题的能力,提高学生自学、创新和理论联系实践的能力,增强学生互助和团队协作精神。全书围绕第 12 章的"学生管理系统"实例展开讲解,前 11 章的案例和实验均是"学生管理系统"的基石,只要按部就班完成前面知识点的学习,最后就能轻松完成一个中等应用项目——学生管理系统。本书分为 12 章,各章具体内容如下:

第 1 章 VB.NET 2005 运行环境,主要讲解 VB.NET 的系统集成开发环境和基本操作知识,以及如何搭建开发环境。

第 2 章基本控件,主要讲解窗体、标签、文本框控件和按钮控件的使用。

第 3 章语言基础,主要讲解 VB.NET 的编程规则、常用的数据类型、常量、变量、顺序结构等 VB.NET 语言的基础知识。

第 4 章流程控制,主要讲解选择结构、循环结构,以及它们之间的嵌套结构。

第 5 章数组,主要讲解数组的概念、定义和引用,重点强调数组的遍历。

第 6 章程序调试与异常处理,主要讲解 VB.NET 程序调试的方法、软件测试原理、非结构化异常处理和结构化异常处理。

第7章过程,主要讲解过程的含义和分类,重点强调事件过程、自定义函数和参数传递。

第8章常用控件,主要讲解 VB.NET 中常用控件,包括它们的特点、属性、方法、事件过程和适用场景。

第9章界面设计,主要讲解用户界面设计中一些美化的高级控件,包括菜单、工具栏、状态栏、对话框等。

第10章文件访问技术,主要讲解对文本文件和二进制的文件技术。

第11章简单数据库编程,简单介绍 Access 数据库,主要讲解 ADO.NET 数据库的概念及其访问技术。

第12章综合实例,结合前面所学内容,搭建"学生成绩管理"系统。

书中的所有源程序都在 Windows XP 平台和 Microsoft Visual Studio 2005 环境下调试通过。另外,本书配套光盘提供所有案例和实验的源程序以及详细操作步骤,共有近100个操作视频,约60小时,学习者只要认真观看操作视频,一定能掌握所学内容,这是一个完整的离线自学系统。

本书所有内容和思想并非一人之力所能及,而是凝聚了众多教师的心得并经过充分的提炼和总结而成,在此对他们的智慧表示崇高的敬意和衷心的感谢!本书由陈海建主编,参加编写的还有赵国辉、李莉、陈伟平、王芳、李文娟等。赵国辉负责了大量的教材修订工作,陈伟平负责审稿校对工作,李文娟负责视频录制工作,在此一并表示感谢!

在本书的编写过程中,编者参阅了大量的网上资料和出版的论文、教材、专著等,在此向这些作品的作者表示深深的敬意和谢意!

虽然我们力求完美,但由于水平有限,书中难免有疏漏和错误等不尽如人意之处,还请广大读者不吝赐教并给予包涵。

编者的 E-mail 地址是 xochj@sina.com。

编者
2012 年 11 月

目 录

第1章 VB.NET 2005 运行环境
导学 …………………………………………………………… 2
助学 …………………………………………………………… 7
    任务1 安装 VB.NET 2005 开发环境 ……………………… 7
    任务2 用 VB.NET 2005 创建第一个应用程序 …………… 8
    任务3 创建一个 VB.NET 2005 控制台程序 …………… 11
小结 …………………………………………………………… 13
自学 …………………………………………………………… 13
    实验1 编写"关于"窗口（独立练习）……………………… 13
    实验2 编写"输入姓名并显示欢迎词"的控制台应用程序
          （独立练习）……………………………………… 14
习题 …………………………………………………………… 15

第2章 基本控件
导学 …………………………………………………………… 18
助学 …………………………………………………………… 27
    任务1 使用 Form 和 Label 创建一个程序 ……………… 27
    任务2 Textbox 和 Button 控件的应用 …………………… 28
    任务3 Timer 控件和 Label 控件的应用 ………………… 29
小结 …………………………………………………………… 31
自学 …………………………………………………………… 32
    实验1 文本复制（独立练习）……………………………… 32
    实验2 利用计时器实现文字自动移动（独立练习）……… 33
习题 …………………………………………………………… 34

第3章 语言基础
导学 …………………………………………………………… 36
助学 …………………………………………………………… 50
    任务1 求两个整数相加 …………………………………… 50
    任务2 求梯形的面积 ……………………………………… 51
    任务3 求一个四位整数的各位数之和 …………………… 52
    任务4 字符串处理 ………………………………………… 52

小结 ·· 54
自学 ·· 54
    实验1 完成7个算术运算符的功能(独立练习) ······················ 54
    实验2 求华氏温度对应的摄氏温度(独立练习) ······················ 55
    实验3 求三角形面积(独立练习) ······································ 56
    实验4 求圆的直径(独立练习) ·· 57
    实验5 四位整数位数倒置(3种方法独立练习) ······················· 57
习题 ·· 58

第4章 流程控制

导学 ·· 62
助学 ·· 67
    任务1 判断奇偶数 ·· 67
    任务2 两个数求最大 ··· 68
    任务3 编写用户登录界面 ··· 69
    任务4 求成绩等级程序(两种方法) ·································· 70
    任务5 求 s=1+2+3+…+n 的程序 ································· 72
    任务6 求 $e=1+\frac{1}{1!}+\frac{1}{2!}+\frac{1}{3!}+\cdots+\frac{1}{n!}$(要求精度达到 1.0×10^{-6})的程序 ··· 73
    任务7 筛选字母字符并反序存放 ···································· 74
    任务8 运用For…Next双层嵌套循环排序 ························ 75
小结 ·· 76
自学 ·· 77
    实验1 4个数字求最小(独立练习) ·································· 77
    实验2 超市购物打折程序(独立练习) ······························· 78
    实验3 求 n!=1×2×3×4×…×n(独立练习) ······················ 78
    实验4 求 $\Pi=4\left(\frac{1}{1}-\frac{1}{3}+\frac{1}{5}-\frac{1}{7}+\frac{1}{9}-\frac{1}{11}+\cdots\right)$(要求精度达到 1.0×10^{-6})(独立练习) ·· 79
    实验5 求前n项裴波那契数列 ······································· 80
    实验6 华氏与摄氏温度对照表 ······································· 81
    实验7 求n到m之间偶数之和(n和m均为整数,且n≤m) ··· 82

实验 8　判断字符串是否为回文 …………………………………… 82
　　　实验 9　用 For…Next 双层嵌套循环降序排序数据 ………… 83
　　习题 ………………………………………………………………………… 84

第 5 章　数组
　　导学 ………………………………………………………………………… 94
　　助学 ………………………………………………………………………… 99
　　　任务 1　一维数组简单应用 ………………………………………… 99
　　　任务 2　一维数组处理数字中的极值(最大值或最小值)…… 101
　　　任务 3　一维数组处理反序输出 ………………………………… 104
　　　任务 4　求二维数组中的最大值 ………………………………… 107
　　小结 ………………………………………………………………………… 109
　　自学 ………………………………………………………………………… 110
　　　实验 1　一维数组处理平均值(独立练习)……………………… 110
　　　实验 2　收视率调查 ………………………………………………… 111
　　　实验 3　求二维数组平均值 ………………………………………… 112
　　习题 ………………………………………………………………………… 113

第 6 章　程序调试与异常处理
　　导学 ………………………………………………………………………… 116
　　助学 ………………………………………………………………………… 120
　　　任务 1　输入格式异常和其他异常处理 ………………………… 120
　　　任务 2　演示语法错误、运行错误、逻辑错误、结构化异常和
　　　　　　　非结构化异常 …………………………………………… 123
　　小结 ………………………………………………………………………… 127
　　自学 ………………………………………………………………………… 127
　　　实验 1　结构化异常处理(独立练习)…………………………… 127
　　　实验 2　四则运算器(用结构化异常处理方法实现)………… 128
　　习题 ………………………………………………………………………… 130

第 7 章　过程
　　导学 ………………………………………………………………………… 132
　　助学 ………………………………………………………………………… 138
　　　任务 1　用过程求数字中的极值(最大值或最小值)………… 138
　　　任务 2　求组合数 …………………………………………………… 141
　　　任务 3　用过程实现"个人简历表" ……………………………… 143

任务 4　局部变量与全局变量的区别 …………… 145
　小结 ……………………………………………………… 146
　自学 ……………………………………………………… 147
　　　实验 1　求 f(x,n)的值(独立练习) ………………… 147
　　　实验 2　求两个自然数的最大公约数 ……………… 148
　　　实验 3　鼠标无法单击【退出】按钮 ………………… 149
　　　实验 4　同名局部变量的使用示例 ………………… 149
　习题 ……………………………………………………… 151

第 8 章　常用控件

　导学 ……………………………………………………… 154
　助学 ……………………………………………………… 164
　　　任务 1　RadioButton、CheckBox、Panel 和 GroupBox 的
　　　　　　　应用 ……………………………………… 164
　　　任务 2　ListBox 和 ComboBox 的应用 …………… 165
　　　任务 3　MaskedTextBox、DateTimePicker、ScrollBar 和
　　　　　　　RichTextBox 的应用 …………………… 169
　　　任务 4　运用 RadioButton、CheckBox 和 GroupBox 控件
　　　　　　　设置字体 ………………………………… 171
　小结 ……………………………………………………… 173
　自学 ……………………………………………………… 173
　　　实验 1　计算存款利息(独立练习) ………………… 173
　　　实验 2　调查表(独立练习) ………………………… 175
　　　实验 3　教材订购系统(独立练习) ………………… 176
　习题 ……………………………………………………… 177

第 9 章　界面设计

　导学 ……………………………………………………… 180
　助学 ……………………………………………………… 189
　　　任务 1　多文档窗体、菜单和快捷菜单的应用 …… 189
　　　任务 2　工具栏和对话框的应用 …………………… 190
　　　任务 3　多文档窗体模板和状态栏的应用 ………… 193
　　　任务 4　简易的文本编辑器 ………………………… 194
　小结 ……………………………………………………… 201
　自学 ……………………………………………………… 201

实验1　完成"字体演示"的界面设计(独立练习) …… 201
　　　实验2　2008年北京奥运会(独立练习) …………… 203
　　　实验3　车标图(独立练习) ………………………… 205
　　　实验4　用Timer控件,实现窗体标题内容来回移动(独立
　　　　　　练习) ……………………………………………… 207
　　习题 ………………………………………………………… 208

第10章　文件访问技术

　　导学 ………………………………………………………… 210
　　助学 ………………………………………………………… 215
　　　任务1　简易记事本(顺序文件存取方法)…………… 215
　　　任务2　简易记事本(My.Computer.FileSystem对象) … 217
　　　任务3　将窗口中的内容写入文件并实现查询……… 217
　　小结 ………………………………………………………… 219
　　自学 ………………………………………………………… 219
　　　实验1　登录日志………………………………………… 219
　　　实验2　Write函数和WriteLine函数的应用 ………… 220
　　　实验3　StreamReader和StreamWriter类访问
　　　　　　文件的应用 ……………………………………… 221
　　习题 ………………………………………………………… 222

第11章　简单数据库编程

　　导学 ………………………………………………………… 224
　　助学 ………………………………………………………… 230
　　　任务1　创建Access2003数据库 ……………………… 230
　　　任务2　用DataReader读取CourseInfor表中记录
　　　　　　(代码方式) ……………………………………… 231
　　　任务3　向CourseInfor表中添加记录(代码方式) …… 233
　　　任务4　用DataGridView控件访问CourseInfor表 … 235
　　　任务5　用文本框绑定CourseInfor表 ………………… 241
　　　任务6　最常用的SQL语句分析及应用举例 ………… 242
　　小结 ………………………………………………………… 244
　　自学 ………………………………………………………… 244
　　　实验1　在Student.mdb数据库中添加StudentInfor和
　　　　　　Grade表(独立练习) …………………………… 244

实验2　用文本框绑定 StudentInfor(独立练习) ……… 246
　　实验3　根据学号选择,查询该生所有课程的成绩 …… 247
　习题……………………………………………………………… 248
第 12 章　综合实例
　导学…………………………………………………………… 250
　助学…………………………………………………………… 250
　　任务　新建"学生管理系统"项目 ………………………… 250
　小结…………………………………………………………… 266
　自学…………………………………………………………… 266
　　实验　完善"学生管理系统"(独立练习)…………………… 266

附录
　附录 A　习题参考答案………………………………………… 268
　附录 B　数据类型之间转换的方法…………………………… 273
　附录 C　用于检查合法性的函数……………………………… 274
　附录 D　用于格式化输出的函数……………………………… 274
　附录 E　VB.NET 2005 主要关键字…………………………… 275
　附录 F　参考文献……………………………………………… 276

第 1 章　VB.NET 2005 运行环境

通过本章你将学会：

- 安装 VB.NET 2005 速成版
- 安装 Microsoft Visual Studio 2005
- 熟悉 Microsoft Visual Studio 2005 的开发环境
- 用 Microsoft Visual Studio 2005 创建第一个实例
- 认识窗体(Form)、标签控件(Label)和按钮控件(Button)，并能在窗体中添加控件
- 初步认识面向对象思想：属性和函数
- 能修改窗体(Form)、标签控件(Label)和按钮控件(Button)的属性
- 给【退出】按钮写语句(End 或 Application.exit)
- 产生的 Exe 文件需要在.NET Framework 2.0 的环境下运行

VB 的发展历程

Visual Basic(简称 VB)的发展历程如下:Basic→Visual Basic 1.0(1991 年微软收购 Basic,推出可视化编程界面)→Visual Basic 2.0→Visual Basic 3.0→Visual Basic 4.0(引入面向对象思想)→Visual Basic 5.0(1997 年微软发布 Visual Studio 1.0,在该软件中包含了 VB5.0)→Visual Basic 6.0(1998 年微软发布 Visual Studio 98,包含了 VB6.0)→Visual Basic 2003(2002 年微软发布 Visual Studio. NET 2003)→VB. NET 2005(2005 年微软发布 Visual Studio 2005. NET)→VB. NET 2008(2008 年微软发布 Visual Studio 2008. NET)。

VB 的各种版本

VB5.0 以前的各种版本,主要用于 Windows 3. X 环境中的 16 位应用程序开发,VB5.0 及以后的各种版本,则是一个 32 位应用程序开发工具。VB5.0 是 VB 发展中最有影响力的版本之一。VB6.0 是 VB 发展中最成功的版本之一。VB. NET 2003 有了质的变化:集成开发环境、跨平台、完全面向对象、ADO. NET、ASP. NET、Web Service 等。

VB. NET 2005 的集成开发环境简介

Visual Studio 2005. NET 是一个集成开发环境(Intergrated Development Environment,IDE),在一个界面下,可以编写 Visual Basic、Visual C++、Visual C♯和 Visual J♯,有助于创建混合语言解决方案。

VB. NET 2005 集成开发环境(VB. NET 2005 IDE)其实就是用 VB. NET 2005 编写程序时出现的窗口、对话框等。IDE 提供多种可视化的工具,帮助开发员更加方便地开发 VB 程序。

1. 新建 VB. NET 2005 项目

要创建新的 VB. NET 2005 项目,需要在该对话框的"项目类型"中选中"Visual Basic 项目",在"模板"选中"Windows 应用程序"。然后在"位置"文本框中输入项目保存的位置,在"名称"文本框中输入项目的名称。最后单击【确定】按钮,将会出现如图 1-1 所示的 VB. NET 2005 的集成开发环境。集成开发环境主要包括以下 8 个组成部分:①标题栏,②菜单栏,③工具栏,④工具箱,⑤窗体设计窗口,⑥解决方案资源管理器,⑦属性窗口,⑧输出窗口。

2."工具箱"对话框

"工具箱"对话框如图 1-2 所示。如果集成环境中没有出现对话框,可通过执行"视图"→

第1章　VB.NET 2005 运行环境

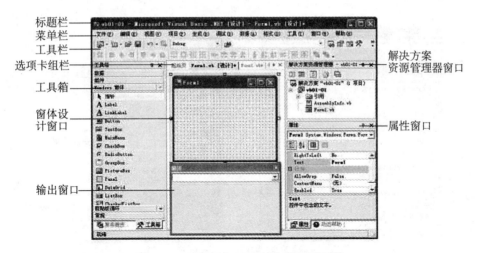

图 1-1　VB.NET 2005 的集成开发环境

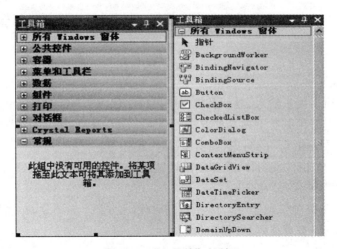

图 1-2　"工具箱"对话框

"工具箱"命令来显示该对话框。

3. "属性"对话框

"属性"对话框如图 1-3 所示。如果集成环境中没有出现该对话框，可通过执行"视图"→"属性"命令来显示该对话框。

"属性"对话框用于设置窗体或者控件的属性。属性定义了控件的信息，如大小、颜色和位置等。每个控件都有自己的一组属性。

"属性"对话框左边一栏显示了窗体或控件的属性名，右边一栏显示属性的当前值。可以单击【按字母排序图标】按钮 ↓ 使属性名按照字母顺序排序，单击【分类排序图标】按钮 使属性名按照分类顺序排序。

在"属性"的顶部是一个下拉列表，被称为控件（或组件）列表框。此列表框显示当前正在修改的控件，可以使用该列表框来选择一个控件进行编辑。例如，如果一个图形用户界面

3

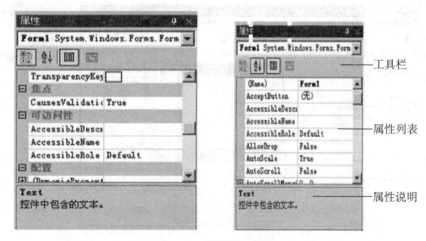

图1-3 "属性"对话框

(Graphical User Interface，GUI)包含若干个按钮，可以通过它选择指定按钮的名称来进行编辑。

4．"代码"对话框

"代码编辑器"窗口用来输入、显示及编辑应用程序代码。从"窗体设计器"切换到"代码编辑器"的方法有多种，常用的有下列5种方法：

（1）直接双击要添加代码的对象，如窗体、命令按钮等；

（2）右击任意一个控件或窗体，在弹出的快捷菜单中选择"查看代码"命令；

（3）选择"视图"→"代码"命令；

（4）在"解决方案资源管理器"中，选择要查看代码的窗体或模块，单击"解决方案资源管理器"窗口工具栏上的【查看代码】按钮；

（5）按[F7]功能键。

"代码"对话框如图1-4所示，其上方有两个下拉列表框，左侧为"类名"列表框，右侧为"方法名称"列表框。在"类名"列表框中可以选择要添加代码的对象，在"方法名称"列表框中可以选择对象要添加代码的事件，如Load(加载)、Click(鼠标单击)等。

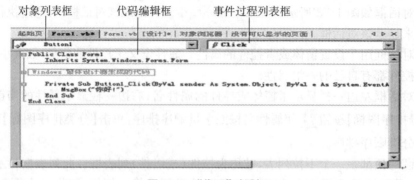

图1-4 "代码"对话框

.NET Framework

.NET Framework 是支持生成和运行下一代应用程序和 XML Web Service 的内部 Windows 组件,是用于生成、部署和运行 XML Web Service 与应用程序的多语言环境。从结构体系来看,.NET Framework 主要包括:公共语言运行库(CLR)和.NET Framework 类库。Visual Studio 2005.NET 开发的各类程序需要.NET Framework 2.0 版本支持。.NET Framework 2.0 是在.NET Framework 1.1 版的基础上进行扩展。

面向对象的几个基本概念

VB.NET 2005 完全支持面向对象编程。对象是具体存在的实体,由对象抽象为类。类是对象的模板,它定义了对象的特征和行为规则,对象是由类产生的。类和对象都包含属性和函数:属性描述静态的特征和行为规则,函数描述动态的功能和响应。函数在 VB.NET 2005 中被分为方法和事件。

1. 对象

对象是人们要进行研究的任何事物,从最简单的整数到复杂的飞机等均可看作对象,它不仅能表示具体的事物,还能表示抽象的规则、计划或事件。对象具有状态,一个对象用数据值来描述它的状态。对象还有操作,用于改变对象的状态,对象及其操作就是对象的行为。对象实现了数据和操作的结合,使数据和操作封装于对象的统一体中。

2. 类

具有相同特性(数据元素)和行为(功能)的对象的抽象就是类。因此,对象的抽象是类,类的具体化就是对象,也可以说类的实例是对象,类实际上就是一种数据类型。类具有属性,它是对象的状态的抽象,用数据结构来描述类的属性具有操作性,它是对象的行为的抽象,用操作名和实现该操作的方法来描述。

3. 属性

属性是描述实体的性质或特征,具有数据类型、域、默认值 3 种性质。属性也往往用于对控件特性的描述,如对按钮控件的名称、显示的文字、背景色、背景图片等。大多数控件都具有的属性称为公共属性,如名称、标题、背景色、前景色等。属性是编程语言结构的任意特性。属性在其包含的信息和复杂性等方面变化很大。属性的典型例子有变量的数据类型、表达式的值、存储器中变量的位置、程序的目标代码、数的有效位数。在学习 VB.NET 2005 的过程中,要注意记住属性名和理解属性名的含义。VB.NET 2005 中的每个控件都有一个系列的属性,在许多场合都可以通过可视化的手段或编程的方法改变属性的值。

4. 方法

方法指的是控制对象动作行为的方式。它是对象本身内含的函数或过程,它也是一个动作,是一个简单的不必知道细节的无法改变的事件,但不称作事件;同样,方法也不是随意的,一些对象有一些特定的方法。在 VB 里方法的调用形式是:对象名.方法名。实际上方法就是封装在类里面特定的过程,这些过程的代码一般用户很难看到,这就是类的"封装性"。方法由方法名来标识,标准控件的方法名一般也是系统规定好了的。在 VB.NET 2005 中,所说的控件其实就是一种类,一般每个类都具有一系列的标准方法,如 Form 类具有 Show,Hide,Close 等方法。

5. 事件

事件是发生在对象上的动作。事件的发生不是随意的,某些事件仅发生在某些对象上。事件可看作对象的一种操作。事件由事件名标识,控件的事件名也是系统规定好的。在学习 VB.NET 2005 的过程中,也要注意记住事件名、含义及其发生的场合。在 VB.NET 2005 中,事件一般都是由用户通过输入手段或者是系统某些特定的行为产生的。如:鼠标器在某对象上单击一次,产生一个 Click 事件;定时器的时间间隔到,会产生定时器对象的 Tick 事件。在 VB 中事件的调用形式如下:

Private Sub 对象名_事件名(...)Handles 对象名.事件名
（事件内容）
End Sub

6. 事件驱动模型

在传统的或"过程化"的应用程序中,应用程序自身控制了执行哪一部分代码和按何种顺序执行代码。从第一行代码执行程序并按应用程序中预定的路径执行,必要时调用过程。

在事件驱动的应用程序中,代码不是按照预定的路径执行,而是在响应不同的事件时执行不同的代码片段。事件可以由用户操作触发,也可以由来自操作系统或其他应用程序的消息触发,甚至由应用程序本身的消息触发。这些事件的顺序决定了代码执行的顺序,因此应用程序每次运行时所经过的代码的路径都是不同的。

因为事件的顺序无法预测,所以在代码中必须对执行时的"各种状态"作一定的假设。当作出某些假设时(例如,假设在运行来处理某一输入字段的过程之前,该输入字段必须包含确定的值),应该组织好应用程序的结构,以确保该假设始终有效(例如,在输入字段中有值之前禁止使用启动该处理过程的命令按钮)。

在执行中代码也可以触发事件。例如,在程序中改变文本框中的文本将引发文本框的 Change 事件。如果 Change 事件中包含有代码,则将导致该代码的执行。如果原来假设该事件仅能由用户的交互操作所触发,则可能会产生意料之外的结果。正因为这一原因,所以在设计应用程序时理解事件驱动模型并牢记在心是非常重要的。

 VB.NET 2005

VB.NET 2005 可以用来开发应用程序、Web 程序、类库等,本课程主要学习 VB.NET

2005 开发应用程序。应用程序是以项目的方式组织,以文件夹的形式存在。此项目文件夹中含有多个文件,这是一个项目的整体内容,不可单独移动或删除。

VB.NET 2005 程序设计的一般步骤如下:

(1) 创建项目;
(2) 向项目中添加窗体和删除窗体;
(3) 设计窗体界面;
(4) 设置属性;
(5) 编写代码;
(6) 运行程序。

VB.NET 2005 项目的组成如下:

助 学

任务 1 安装 VB.NET 2005 开发环境

操作任务 安装 VB.NET 2005 开发环境。

操作方案
(1) 安装 VB.NET 2005 速成版;
(2) 安装 Visual Studio 2005。

操作步骤

（一）安装 VB.NET 2005 速成版

1. 免费下载 VB.NET 2005 速成版。

（1）访问微软网站进行下载，网址：http://msdn.microsoft.com/zh-cn/express；

（2）访问微软学生中心进行下载，网址：http://www.msuniversity.edu.cn。需要用校园网的邮箱进行注册，才能下载。（上海开放大学为每位学生提供一个免费的校园网邮箱 XXX@mail.shtvu.edu.cn。）

2. 下载文件是一个 ISO 文件，解压后（或用虚拟光驱）运行 autorun.exe 文件，依次单击【下一步】即可完成安装。

3. VB.NET 2005 速成版是微软提供的一个免费的开发版本，只能开发 VB 程序，功能相对薄弱，控件较少，安装需要的硬盘空间少，但基本能满足本课程学习内容的需要。

（二）安装 Visual Studio 2005

1. 获取 Visual Studio 2005 安装包。

2. 依次单击【下一步】即可完成安装。

3. 本课程所有程序均在 Visual Studio 2005 环境下调试通过。以下开发环境统一称为 VB.NET 2005。

任务 2　用 VB.NET 2005 创建第一个应用程序

操作任务　创建"Hello VB.NET 2005"程序。

操作方案　在窗体中间显示"Hello VB 2005"字样，字体设置为：25 磅，加粗，颜色为：蓝色。右下角增加一个【退出】按钮，并能实现退出功能，具体如图 1-5。

图 1-5　"Hello VB 2005"程序运行界面

操作步骤

1. 选择菜单：开始→程序→Microsoft Visual Studio 2005→Microsoft Visual Studio 2005，进入 Visual Studio 2005 开发环境。第一次运行会出现"选择默认环境设置"界面，请选择"Visual Basic 开发设置"，然后单击【启动 Visual Studio】按钮，如图 1-6 所示，等待几分钟后，将进入 Visual Studio 2005 开发环境。此选择表示 Visual Studio 2005 开发环境用来开发 VB 程序，按照 VB 的语法规则来编译程序，以下统称这个环境为 VB.NET 2005 开发环境。当然，如果想编写其他语言程序，可以重新设置，单击主界面上的菜单：工具→导入和导出设置，根据需要进行设置，选择其他开发语言设置。

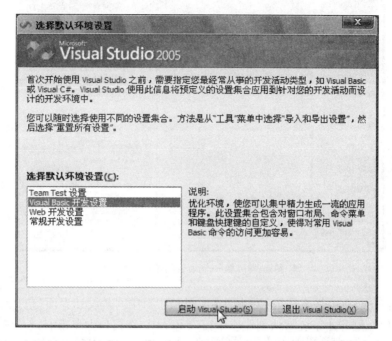

图 1-6　第一次运行 VB. NET 2005 的"选择默认环境设置"界面

2. 单击主界面上的菜单：文件→新建项目，出现如图 1-7 所示，左边"项目类型"选择"Windows"，右边"模板"选择"Windows 应用程序"（本课程几乎所有程序都是按照这样的方式新建项目，特殊说明除外），下面的"名称"文本框输入：Chp1_2（"Chp1"表示第 1 章，后面的"2"表示第 2 个任务，以下命名规则相同），单击【确定】按钮。出现第一个项目的设计界面，如图 1-8 所示。

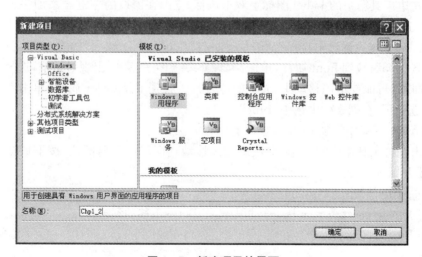

图 1-7　新建项目的界面

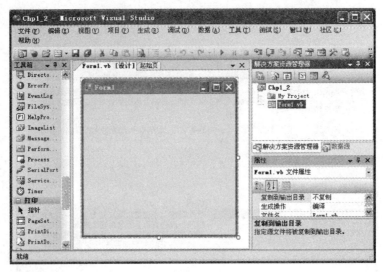

图1-8　第一个项目的设计界面

3. 设计界面中,左边是工具箱(控件都在工具箱中);中间是设计界面(包括设计器窗口和代码编辑器窗口),刚开始系统默认创建一个窗口Form1,在窗口上单击右键,选择"查看代码"快捷菜单,可以进入代码编辑器窗口,单击上面切换页可以进行不同窗口之间切换;右上角是解决方案资源管理器,用来管理整个项目的资源,双击每个列项,可以打开它;右下角是属性窗口,选中不同的对象,下面显示该对象对应的属性,属性窗口中有两列,第1列是属性的名称(不可修改),第2列是属性的值,一般都可以修改。

4. 向Form1窗口中添加Label控件有两种方法:

(1) 单击左边工具箱中的Label,然后光标移动到窗口中间部位,按下鼠标,接着拖动鼠标,最后松开鼠标;

(2) 在左边工具箱中的Label图标上双击鼠标,立即在窗口的左上方添加一个Label1,然后在Label1上按下鼠标(表示选中),移动鼠标,把Label1移动到窗口中间适当的位置。

5. 单击Label1(表示选中),在右下角属性窗口中,找到Text属性,在后面文本框中修改为"Hello VB 2005";找到Font属性,单击 Font 宋体, 24.7 ,出现对话框,选择加粗,输入25磅,确定即可(可能要适当移动Label1的位置);再找到ForeColor属性,单击右边下拉框,选中"Web"选项页,在列表框中选中"Blue"即可。

6. 向Form1窗口中添加Button控件有两种方法:

(1) 单击左边工具箱中的Button,然后光标移动到窗口右下角部位,按下鼠标,接着拖动鼠标,最后松开鼠标;

(2) 在左边工具箱中的Button图标上双击鼠标,立即在窗口的左上方添加一个Button1,然后在Button1上按下鼠标(表示选中),移动鼠标,把Button1移动到窗口右下角适当的位置。

7. 单击Button1(表示选中),在右下角属性窗口中,找到Text属性,在后面文本框中修改为"退出"。

8. 给按钮写代码,双击【退出】按钮,进入代码编辑器窗口,在光标闪烁的地方输入:Application.exit,然后回车,如果代码下面没有蓝色波浪线,表示代码输入正确。这个代码什么时候执行呢？当这个项目运行时，单击此按钮将执行这个代码。写代码需要注意两点：

(1) 写代码的位置不能错（本例一定要双击按钮后，在光标闪烁的地方开始写代码）；

(2) 输入的代码要正确，代码下面不能有蓝色波浪线。

通过上面的切换页，可以切换到设计窗口。

9. 项目保存，单击菜单：文件→全部保存，选择适当的位置（就是路径），其他默认，单击【保存】按钮，如图 1-9 所示。整个项目将保存到 Chp1_2 文件夹中，里面包括很多文件和文件夹，自己可以打开看看。

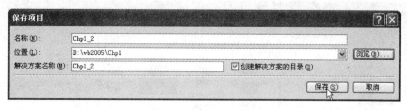

图 1-9 保存项目对话框

10. 运行该项目，单击菜单：调试→启动调试（或直接按[F5]功能键，或单击工具条上"启动调试"），出现图 1-5 所示窗口，单击【退出】按钮，可以实现退出项目。此过程包括两个步骤：

(1) 将源程序编译，产生 Exe 文件，Exe 文件自动存在 Chp1_2\bin\Debug 文件夹中；

(2) 运行这个 Exe 文件。可以将此 Exe 文件单独拷贝到其他文件夹下运行，如果要拷贝到其他计算机上运行，则一定要安装.NET FrameWork 2.0，.NET FrameWork 2.0 可以从微软网站免费下载，或者单击这个 Exe 文件，系统自动提示下载.NET FrameWork 2.0。

11. 如果要重新修改源程序（包括修改属性等），一定要先退出运行界面。

任务3　创建一个 VB.NET 2005 控制台程序

操作任务　创建一个显示"欢迎来到上海开放大学学习！"控制台程序。

操作方案　该程序的功能是显示一行欢迎词"欢迎来到上海开放大学学习！"。程序的运行结果如图 1-10 所示。

图 1-10 程序运行界面

操作步骤

1. 选择菜单：开始→程序→Microsoft Visual Studio 2005→Microsoft Visual Studio 2005，进入 Visual Studio 2005 开发环境。

2. 单击主界面上的菜单：文件→新建项目，出现如图 1-11 所示，左边"项目类型"选择"Windows"，右边"模板"选择"控制台应用程序"，单击【确定】按钮。出现项目设计界面，如图 1-12 所示。

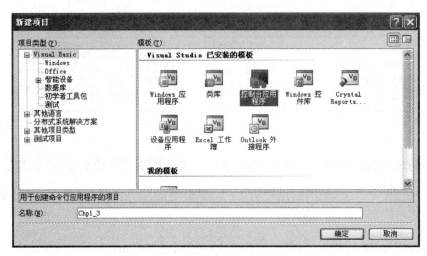

图 1-11 选择控制台应用程序界面

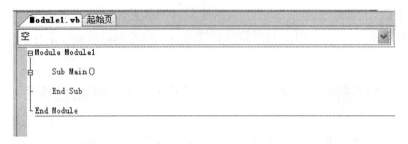

图 1-12 新建控制台应用程序的界面

3. 在 Sub Main() 过程中编写如下程序代码：

```
Sub Main()
    Console.WriteLine("欢迎来到上海开放大学学习!")    '输出
    Console.Read()                                   '代码的作用是使程序停下来等待输
                                                     入，以便可以看到运行结果
End Sub
```

4. 单击工具栏上的启动按钮 ▶，或按[F5]键，程序的运行结果如上面的图 1-10 所示。

小　结

本章中您学习了：
- ◆ 安装 VB.NET 2005 开发环境
- ◆ 用 VB.NET 2005 创建第一个应用程序
- ◆ 认识 3 个对象：Form1、Label1 和 Button1
- ◆ 能修改 Label1 和 Button1 的部分属性
- ◆ 能为 Button1 按钮写退出事件
- ◆ 创建简单的控制台应用程序
- ◆ 理解程序开发的简单流程（源程序→Exe 文件）

自　学

实验 1　编写"关于"窗口（独立练习）

操作任务　编写"关于"窗口，如图 1-13 所示。窗口标题为"关于"；上面 4 行文字字体为：隶书、斜体、20 磅，颜色为红色；按钮字体为：隶书、加粗、20 磅，颜色为黑色；【确定】按钮无效；【退出】按钮能实现退出功能；×××写上自己的名字。

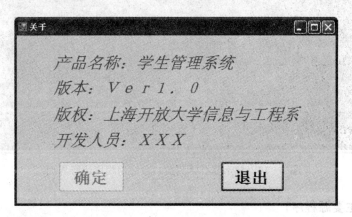

图 1-13　"关于"窗口运行界面

操作步骤（主要源程序）

实验 2　编写"输入姓名并显示欢迎词"的控制台应用程序（独立练习）

操作任务　编写一个控制台应用程序，程序执行时将出现一行提示，要求输入姓名，输入姓名后将显示出如下文字："欢迎您，＊＊＊学员！"，如图 1-14 所示。

图 1-14　显示"欢迎词"控制台应用程序运行界面

操作步骤（主要源程序）

习 题

一、选择题

1. 在 Visual Studio NET 的集成开发环境中，下面不属于该环境编程语言的是（   ）。
   A．VB   B．C++   C．Pascal   D．J#
2. 在 VB.NET 2005 中，在窗体上显示控件的文本，用（   ）属性设置。
   A．Text   B．Name   C．Caption   D．Image
3. 不论何种控件，共同具有的是（   ）属性。
   A．Text   B．Name   C．ForeColor   D．Font
4. 对于窗体，可改变窗体的边框性质的属性是（   ）。
   A．MaxButton   B．FormBorderStyle C．Name   D．Left
5. 若要使标签控件显示时不覆盖窗体的背景图案，要对（   ）属性进行设置。
   A．BackColor   B．BorderStyle   C．ForeColor   D．BackStyle
6. 若要使命令按钮不可操作，要对（   ）属性进行设置。
   A．Enabled   B．Visible   C．BackColor   D．Text
7. 要使文本框中的文字不能被修改（可选中文本），应对（   ）属性进行设置。
   A．Locked   B．Visible   C．Enabled   D．ReadOnly
8. 要使当前 Form1 窗体的标题栏显示"欢迎使用 VB.NET"，以下（   ）语句是正确的。
   A．Form1.Text="欢迎使用 VB.NET"
   B．Me.Text="欢迎使用 VB.NET"
   C．Form1.Name="欢迎使用 VB.NET"
   D．Me.Name："欢迎使用 VB.NET"
9. 当文本框的 ScrollBars 属性设置了非 None 值，却没有效果，原因是（   ）。
   A．文本框中没有内容
   B．文本框的 MultiLine 属性为 False
   C．文本框的 MultiLine 属性为 True
   D．文本框的 Locked 属性为 True

二、填空题

1. VB. NET 2005 是完全面向对象的程序设计语言，其最大的特点是_____。
2. _____ 技术能让编程人员不必编写代码就可以创建 GUI。
3. _____ 是由一个或几个项目组成的 VB. NET 2005 程序。
4. 当 _____ 特性设置后，浮动窗口将自动隐藏。
5. 当进入 VB. NET 2005 集成环境，发现没有显示"工具箱"窗口，应选择菜单的 _____ 选项使"_____"窗口显示，并最好将其窗口的属性设置为_____。

第 2 章 基本控件

通过本章你将学会：

- 窗体(Form)
- 标签控件(Lable)
- 文本框控件(TextBox)
- 按钮控件(Button)
- 定时器控件(Timer)
- 控件的各种常用属性、事件和方法的应用

导　学

窗体(Form)

　　窗体是 VB.NET 2005 最基本的对象之一。VB.NET 2005 中的 Windows 应用程序是以窗体为基础的，用来作为其他控件对象的载体或容器。窗体界面有3种主要样式：单文档界面（SDI）、多文档界面（MDI）和资源管理器样式界面。

　　Form 对象是窗口或者对话框，它组成应用程序用户界面的一部分。窗体有一些属性确定了它们的外观，例如位置、大小、颜色；这些属性还确定了它们的行为，例如是否可调整大小。窗体还可以对用户初始化或系统触发的事件作出反应。例如，可以在窗体的 Click 事件过程中编写代码，从而通过单击窗体改变窗体的颜色。除了属性和事件外，还可以通过代码、使用方法来操作窗体。在 VB.NET 2005 里可通过改变 Top，Left 属性值来移动位置，通过改变 Width，Height 属性值来改变大小。

　　一种称作 MDI 窗体的特殊窗体还包含 MDI 子窗体。在 VB.NET 2005 中，要把一个窗体设置为 MDI 窗体，应当设置属性 IsMdiContainer=True，如要设置窗体为 MDI 子窗体，可以在运行时（不能在设计时）设置它的 MdiParent=某 MDI 窗体对象名。在代码中使用 Dim，Set 和 Static 语句里的 New 关键字可以创建多个窗体实例。在设计窗体时，设置 FormBorderStyle 属性定义窗体的边框，设置 Text 属性把文本放入标题栏。可以在代码中使用 Hide 和 Show 方法使窗体在运行时可见或不可见。

　　在 VB.NET 2005 里，用改变 FormBorderStyle 属性值来改变窗体的边框样式，当窗体的 FormBorderStyle=None，窗体没有标题栏和边线。如果希望窗体有边框而没有标题栏、控制菜单框、最大化按钮和最小化按钮，则应从窗体 Text 属性中删除任何文本，同时将窗体的 ControlBox，MaxButton 和 MinButton 属性设置为 False。

　　在 VB.NET 2005 里，Form 并不派生于 Object 基类，而是派生于 System 基类，即：System.Windows.Forms.Form()。在将变量设置成一种窗体的实例之前，可以先声明变量的类型为 Form，并在设计时声明这种窗体的实例。与此相似，可以把参数以 Form 类型传给过程。

　　窗体还可以作为动态数据交换对话中的资源，通过 Label，PictureBox 或者 TextBox 控件提供数据。

　　可以使用 Controls 集合访问 Form 中的控件集合。

　　例　　可以使用如下代码隐藏 Form 中的控件：

```
For i As Integer = 0 To Me.Controls.Count - 1
    Me.Controls(i).Visible = False
Next
```

Label(标签)控件

Label 控件是图形控件,主要作用在于显示文字信息,如大家比较熟悉的程序安装界面:在某个软件安装过程中,常常会显示一些帮助信息或与产品相关的介绍信息,而这些大多是用标签控件制成的。与以后要学到的文本框控件(TextBox)不同的是,标签控件显示的文字不能直接进行修改,要修改的话只能在设计阶段进行;文本框既可以用来显示文本,还能够在文本框中输入文本。在 VB. NET 2005 工具箱中 A Label 标签的默认名称(Name)和标题(Text)为 LabelX(X 为 1,2,3 等),规范的命名方式为 LblX(X 为自己定义的词,如 LblShow,LblRed 等)。

(一) 标签控件的主要属性

1. Text(文本)属性

此属性用来设置在标签上显示的文本信息,可以在创建界面时设置,也可以在程序中改变文本信息。如果要在程序中修改标题属性,代码规则如下:

标签名称. text = "欲显示的文本"

例

LblShow. text = "跟我来学 VB. NET 2005 "

但是请大家注意,上面的代码应该写入供触发的控件对应的程序代码区,如在命令按钮的程序代码区输入的代码,而不是标签本身的代码区。这也是初学者常常大惑不解的地方,"为什么我要让标签改变字样,却要在其他控件中输入代码?"这是因为,我们是通过触发其他控件这个事件来让标签改变 Text 属性的。

当然也可以让标签本身来触发 Text 属性改变事件,如用鼠标点击标签,这时就需要在标签对应的程序代码区输入代码,但在实际编写中,这种情况非常罕见。毕竟,标签控件用于显示信息的本意远远超过了响应鼠标点击的意图。

2. BorderStyle(边框)属性

本属性用来设置标签的边框类型,None 表示无边框、FixedSingle 表示简单框、Fixed3D 表示 3D 框。BorderStyle 属性可以在设计界面时指定,也可以在程序中改变(但这种应用不多见)。程序代码规则如下:

标签名. BorderStyle = 0/1(0 或 1,两者取一)

3. Font(字体)属性

本属性用来设置标签显示的字体,既可以在创建界面时设定,也可以在程序中改变。在创建界面时设定,除了可以选择字体,还可以设置显示文字是否为粗体、斜体、下划线等。在程序中改变 Font 属性,程序代码书写规则如下:

```
TextBox1.Font = New Font("Arial", 16, FontStyle.Bold)      'Arial 字体,大小:16,粗体
TextBox1.Font = New Font("Arial", 16, FontStyle.Italic)    'Arial 字体,大小:16,斜体
TextBox1.Font = New Font("Arial", 16, FontStyle.Regular)
                                                            'Arial 字体,大小:16,正常
TextBox1.Font = New Font("Arial", 16, FontStyle.Strikeout)
                                                            'Arial 字体,大小:16,删除线
TextBox1.Font = New Font("Arial", 16, FontStyle.Underline)
                                                            'Arial 字体,大小:16,下划线
```

4. TextAlign(对齐)属性

此属性用来设置标签上显示的文本的对齐方式,TextAlign 属性有 9 种对齐方法可选,可参看属性窗口。

5. Visible(可见)属性

本属性在大多数控件中都有,它能设定该控件是否可见。当值为"True",控件可见;当值为"False",控件隐藏。控件的可见属性可以在界面设置时设定,也可以在程序中改变,代码如下:

```
标签名.Visible = True/False
```

(二) 标签控件(Label)的主要事件

所谓的事件,其实就是用户对应用程序的操作。事件的作用在于触发程序的执行,如第 1 章中的 Click 事件改变了标签控件的 Text 属性。标签控件的主要作用在于显示文本信息,但也支持一些为数不多的事件。

1. Click 事件(鼠标单击)

用鼠标点击标签时触发的事件,如改变标签的字体属性:

```
Private Sub LblShow_Click(...) Handles LblShow.Click
    LblShow.FontName = "隶书"
End Sub
```

2. DbClick 事件(鼠标双击)

鼠标双击引发的事件,如改变标签的可见性:

```
Private Sub LblShow_DoubleClick(...)Handles Handles Button2.DoubleClick
    LblShow.Visible = False
End Sub
```

(三) 知识要点

1. 用 VB.NET 2005 编写程序犹如搭积木,把每块"积木"(控件或其他对象)放在合理的位置,然后以某种机制(程序)将这些"积木"运用起来,最后就搭成所需要的东西。所以,掌握每一种控件,包括它们的属性与主要事件,是我们学习编程的基础!

2. 某些属性是大多数控件所共有的,如 Name,FontBold,FontItalic,Visible 等;但也有些属性是某个控件所独有的,如标签控件的 WordWrap(标签的标题显示方式)。我们只是讲述了标签控件部分属性,其他属性可以在 VB 的帮助文件中查找获得。

3. 大家在学习过程中一定会疑惑,为什么在属性设置时,"="右边有时使用"",有时又不使用""。不知大家注意到没有,我们在使用""时,是因为引号里面的内容是字符串,如"隶书"、"Times New Roman"等。

4. 字符的大小写问题:初学者还常常疑惑,"字母什么时候应该大写,什么时候应该小写?"其实,大写小写在 VB.NET 2005 程序中都是一样的,但为了让程序编写得更为规范,程序可读性更高,英文单词的第一个字母一般都要大写,如 Visible,Name 等;控件的命名也遵循以上原则,不同的是,命名都是由"控件类型名+具体名字"组成的,控件类型名的第一个字母要大写,具体名字的第一个字母要大写,如 LblShow,CmdShow,LblChange 等。

5. 程序代码的规范如下:

```
Private Sub BtnShow_Click(...) Handles BtnShow.Click
    LblShow.Text = "上海开大学员请跟我来学 VB.NET 2005"
End Sub
```

Private Sub BtnShow_Click()代表一个过程,共由两部分组成,BtnShow 代表按钮,Click 代表这个按钮的触发事件。

依此类推,Private Sub LblShow_DoubleClick()也代表一个过程,LblShow 是个标签,DoubleClick 是双击事件。

另外,Private 意为"私有",表明这个事件过程的类型;此外还有 Public 即"公有"事件。

Sub 表明这个过程是"子程序",若干个子程序共同组成最终的应用程序。()里面是用来装参数的,关于参数,在以后的章节中讲述。

TextBox(文本)控件

TextBox 控件在工具箱中是 [abl TextBox],主要用来显示文本或用来输入文本,如 Windows 登陆时的"口令"窗口,或者记事本的整个编辑区域。双击工具箱中的文本框控件或者单击文本控件,然后用鼠标在 VB.NET 2005 的工作区域拖拉,就可以创建文本框了。文本框控件的默认名称为 TextX(X 为 1,2,3 等),命名规则为 TxtX(X 为用户自定义的名字,如 TxtShow,TxtFont,TxtColor 等)。

(一) 文本框控件的主要属性

1. Text(文本)属性

Text 属性是本控件最重要的属性,用来显示文本框中的文本内容,可以在界面设置时指定，也可以在程序中动态修改，程序代码规则如下：

文本框控件名.Text = "欲显示的文本内容"

例 要在一个名为 TxtFont 的文本框控件中显示"隶书"字样，那么输入代码：

TxtFont.Text = "隶书"

2. SelectedText(选中文本)属性

本属性返回或设置当前所选文本的字符串，如果没有选中的字符，那么返回值为空字符串，即""。请注意，本属性的结果是个返回值，或为空，或为选中的文本。一般来说，选中文本属性跟文件复制、剪切等剪贴板(在 VB.NET 2005 中，剪贴板用 Clipboard 表示)操作有关，如要将文本框选中的文本拷贝到剪贴板上：

Clipboard.SetText(文本框名称.SelectedText)(注意：本行没有表示赋值的等号。)

要将剪贴板上的文本粘贴到文本框内：

文本框名称.Text = Clipboard.GetText(注意：本行有表示赋值的等号。)

例 对于一个文本框(TxtContent)，按钮一(BtnCopy)用于复制文本框中的选中文本；按钮二(BtnPaste)用于将剪贴板上的内容粘贴到文本框内。

按钮一：

```
Private Sub BtnCopy_Click(...) Handles BtnCopy.Click
    Clipboard.SetText(TxtContent.SelectedText)
End Sub
```

按钮二：

```
Private Sub BtnPaste_Click(...) Handles BtnPaste.Click
    TxtContent.Text = Clipboard.GetText
End Sub
```

3. SelectionStart 与 SelectionLength 属性

对于 SelectionStart，选中文本的起始位置，返回的是选中文本的第一个字符的位置；对于 SelectionLength，选中文本的长度，返回的是选中文本的字符串个数。例如：文本框 TxtContent 中有内容如下："中国全民抵制日货"。假设选中"抵制日货"4 个字，那么，SelectionStart 为 4，SelectionLength 为 4。

4. MaxLength(最大长度)属性

本属性限制了文本框中可以输入字符个数的最大限度,默认为 0,表示在文本框所能容纳的字符数之内没有限制;文本框所能容纳的字符个数是 64 K,如果超过这个范围,则应该用其他控件来代替文本框控件。这与 Windows 中用记事本打开文件一样,当文件过大,系统会自动调用写字板来打开文件,而不是用记事本。文本框控件 MaxLength 属性既可以在界面设置过程中予以指定,也可以在设计时予以改变,代码如下:

文本框控件名. Maxlength = X(注意:X 为阿拉伯数字,如 10,20,57 等。)

5. MultiLine(多行)属性

本属性决定了文本框是否可以显示或输入多行文本,当值为"True",文本框可以容纳多行文本;当值为"False",文本框则只能容纳单行文本。本属性只能在界面设置时指定,程序运行时不能加以改变。

6. PasswordChar(密码)属性

本属性主要用来作为口令功能进行使用。例如,若希望在密码框中显示星号,则可在"属性"窗口中将 PasswordChar 属性指定为" * "。这时,无论用户输入什么字符,文本框中都显示星号。在 VB. NET 2005 中,PasswordChar 属性的默认符号是星号,但也可以指定为其他符号。但请注意,如果文本框控件的 MultiLine(多行)属性为"True",那么文本框控件的 PasswordChar 属性将不起作用。

7. ScrollBars(滚动条)属性

本属性可以设置文本框是否有滚动条。当值为"0",文本框无滚动条;值为"1",只有横向滚动条;值为"2",只有纵向滚动条;值为"3",文本框的横竖滚动条都具有。

8. Locked(锁定)属性

当值为"False",文本框中的内容可以编辑;当值为"True",文本框中的内容不能编辑,只能查看或进行滚动操作。

(二) 文本框控件的事件

除了 Click,DbClick 这些常用的事件外,文本框的主要事件是 TextChanged 事件。

1. TextChanged 事件

Textchanged 事件是只要文本框内容改变就触发。
程序如下:

```
Protected Sub TextBox1_TextChanged(...) Handles TextBox1.TextChanged
    MessageBox.Show("文本框内容发生改变了,将重置清空!")
    Me.TextBox1.Text = ""
End Sub
```

(三)知识要点

1. Clipboard 指的是 Windows 剪贴板,剪贴板最常用的操作是所选文本的拷贝与粘贴。关于 Clipboard 的方法和使用,有兴趣的同学可以查阅联机帮助文件(Microsoft Developer Network,MSDN)。

拷贝:

Clipboard.SetText(文本框名称.SelectedText)

粘贴:

文本框名称.SelectedText = Clipboard.GetText

2. Multiline 属性为"True"时,文本框控件的 PasswordChar 属性不起作用。
3. 如果要让文本框的内容自动换行,只需取消文本框的横向滚动条就行了。

Button(按钮)控件

Button 控件在工具箱中是 ab Button,一般接受鼠标单击事件被用来启动、中断或结束一个进程。单击 Button 控件时将调用已写入 Click 事件过程中的过程。Button 控件在大多数 VB.NET 2005 应用程序中都会用到,用户可以单击按钮执行操作。单击时,按钮不仅能执行相应的操作,而且看起来与按钮被按下和被松开一样。

1. 向窗体添加按钮

在应用程序中很可能要使用多个按钮。就像在其他容器控件上绘制按钮那样,从工具箱里把 Button 控件直接拖到窗体上即可。可用鼠标调整按钮的大小,也可通过设置 Location(坐标,用来确定控件相对窗体左上方顶点的位置)和 Size(大小,第 1 个参数代表宽度,第 2 个参数代表高度)属性进行调整。

2. 设置按钮显示文本

可用 Text 属性改变按钮上显示的文本。设计时,可在控件的"属性窗口"中设置此属性。在设计时设置 Text 属性后将动态更新按钮文本。Text 属性最多包含 255 个字符。若标题超过了命令按钮的宽度,则会折到下一行。但是,如果控件无法容纳其全部长度,则标题会被剪切。可以通过设置 Font 属性改变在命令按钮上显示的字体。

3. 创建键盘快捷方式

可通过 Text 属性创建按钮的访问键快捷方式。为此,只需在作为访问键的字母前添加一个连字符"&"。例如,要为标题"Ok"创建访问键,应在字母"O"前添连字符,于是得到"&Ok"。运行时,字母"O"将带下划线,同时按[Alt]+[O]键就可执行单击按钮程序所执行的动作。

注意 如果不创建访问键,而又要使标题中包含连字符,应添加两个连字符"&&"。这样,在标题中就只显示一个连字符。

4. 选定按钮

运行时,可用鼠标或键盘通过下述方法选定按钮:
(1) 用鼠标单击按钮;
(2) 按[Tab]键,将焦点转移到按钮上,然后按[Enter]键选定按钮;
(3) 按按钮的访问键([Alt]+带有下划线的字母)。

5. Click 事件

运行时单击按钮,将触发按钮的 Click 事件并执行写入 Click 事件过程中的代码,同时,单击按钮的过程也将生成 MouseMove,MouseLeave,MouseDown 和 MouseUp 等事件。如果要在这些相关事件中附加事件过程,则应确保操作不发生冲突。对控件的操作不同,这些事件过程发生的顺序也不同。Button 控件的单击事件发生顺序如下:

MouseMove→MouseDown→Click→MouseUp→MouseLeave

注意 如果用户试图双击按钮控件,则其中每一次单击都将分别处理,即按钮控件不支持双击事件。

6. 增强按钮的视觉效果

按钮控件像复选框和选项按钮一样,可通过 Image 属性设置 Button 控件上的图标以增强视觉效果,然后设置图标(图片)的属性:ImageAlign 显示图标(图片)的位置。通过设置 ImageIndex(图片在图片框中的索引)以及 ImageList(图片框)则可实现增强按钮的视觉效果,比如:要向按钮添加图标或位图,或者在单击、禁止控件时显示不同的图像等。

7. 响应按钮单击

Button 控件的最基本用法是在单击按钮时运行某些代码,单击 Button 控件还生成许多其他事件,如 MouseEnter,MouseDown 和 MouseUp 事件。当然用这些事件的前提是各个事件之间不会产生触发冲突。

先把一个 Button 控件从工具箱中拖放到窗体中,当在设计视图中双击该 Button1 按钮,进入代码编辑模式,且自动生成了一个 Button1_Click 事件,在该单击事件过程中写入如下代码:

```
Private Sub Button1_Click(ByVal sender As System.Object, ByVal e As System.EventArgs) Handles Button1.Click
    Dim MyButton As Button = CType(sender, Button)
    MyButton.Text = "Change my text"
End Sub
```

注意 sender 表示的是触发该事件的事件源,需要使用 CType 函数来转换为对应的类才能使用。能灵活使用 sender 参数,就可以编写通用的多实例触发同一过程的通用过程了(关于过程内容第 7 章会讲到)。

8. 指定按钮作为窗体的默认按钮

在任何 Windows 窗体上都可以指定某个 Button 控件为接受按钮(即默认按钮)。每当用户按【Enter】键时,一般会直接响应默认按钮的单击事件。当然也有例外情况,在此不作介绍。

9. 指定按钮作为窗体的取消按钮

在任何 Windows 窗体上都可以指定某个 Button 控件为取消按钮。每当用户按【Esc】键时,即单击取消按钮,而不管窗体上的其他哪个控件具有焦点。通常设计这样的按钮以允许用户快速退出操作而无须执行任何动作。在设计器中指定接受按钮,如设置按钮为接受按钮,在"属性"窗口中,将窗体的 CancelButton 属性设置为 Button 控件的名称。以编程方式指定接受按钮或取消按钮。代码如下:

```
Me.CancelButton = Button2                                '设置取消按钮
```

10. Button 控件的 DialogResult 属性

用 Button 控件的 DialogResult 属性设置或获取一个值,该值在单击按钮时返回到父窗体(关于子父窗体第 9 章会讲到)。DialogResult 属性有 8 个值,分别是:None, OK, Cancel, Abort, Retry, Ignore, Yes, No,默认为 None。

如果某个按钮的 DialogResult 属性的值不是默认的 None,而该父窗体是通过 ShowDialog 方法显示的,则单击该按钮将会自动关闭窗体而不需要挂钩任何事件,然后该窗体的 DialogResult 属性将设置为按钮的 DialogResult。

Timer(时间)控件

Timer 控件又称定时器控件或计时器控件,在工具箱中的图标是 Timer。该控件的主要作用是按一定的时间间隔周期性地触发一个名为"Tick"的事件,因此在该事件的代码中可以放置一些需要每隔一段时间重复执行的程序段。在程序运行时,定时器是不可见的。

1. Interval

Interval 属性是 Timer 控件最重要的属性之一,它决定着事件或过程发生的时间间隔,Interval 属性以千分之一秒为基本单位,就是事件发生的最短间隔是 1 ms,但是这样的时间间隔对系统的要求很高,因此按时间精度的要求适当设置这个属性也是工程运行速度和可靠性的一种保证。

2. Enabled 属性

Enabled 属性可以设置 Timer 控件是否为激活状态,一旦这个属性为"False",那么 Timer 控件将失去作用。反之,如果在某个条件下将这个属性设置为"True",Timer 控件将会被激活,事件和过程将间隔发生。

3. Timer 的 Tick 事件

使用 Tick 事件时,可用此事件在每次 Timer 控件时间间隔过去之后通知 VB.NET 2005 应该做什么:Interval 属性指定 Tick 事件之间的间隔。无论何时,只要 Timer 控件的 Enabled 属性被设置为"True",而且 Interval 属性大于 0,则 Tick 事件以 Interval 属性指定的时间间隔发生。如下例将实现标题栏滚动的效果。其中 Button1 和 Button2 为按钮,它们的 Text 属性分别为"Go Now"和"Stop Here";Label1 为一个标签,Text 属性为"Welcome to VB.NET 2005";Timer1 为一个定时器控件。添加如下代码:

```
Protected Sub Timer1_Tick(...) Handles Timer1.Tick
        Label1.Left+=40
        Label1.Left=Label1.Left MOd Me.Width
End Sub
Protected Sub Button2_Click(...) Handles Button2.Click
        timer1.Enabled=False
End Sub
Protected Sub Button1_Click(...) Handles Button1.Click
        timer1.Interval=100
        timer1.Enabled=True
End Sub
```

添加代码后,运行该工程,点击【Go Now】按钮,即可看到标题栏在滚动,点击【Stop Here】按钮,则标题栏停止滚动。

助 学

任务 1　使用 Form 和 Label 创建一个程序

操作任务　利用窗体和标签控件完成一个程序,程序运行时在标签控件中显示欢迎词"欢迎您进入 VB.NET 2005 编程世界",如图 2-1 所示。单击窗体后,窗体中显示的内容改为"我的第一个程序",如图 2-2 所示。

图2-1 初始界面

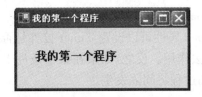
图2-2 单击窗体后的界面

操作方案　首先设置 Form 和 Label 控件的属性；其次，在 Form 的 Click 事件中完成 Label 的属性设置。对属性的修改有两种方法：静态修改（直接在属性窗口中修改）和动态修改（在程序中修改）。

操作步骤

1. 启动 VB 后，新建一个项目，"名称"中输入"Chp2_1"。全部存盘。
2. 设置 Text 属性为"我的第一个程序"，设置 StartPosition 属性为"CenterScreen"。
3. 在 Form1 窗体上添加 1 个 Label 控件，设置 Text 属性为"欢迎您进入 VB.NET 2005 编程世界"；Font 属性为小四号、粗体。
4. 双击窗体，打开它的代码编辑窗口，在 Form 的 Click 事件中，添加如下的代码：

```
Private Sub Form1_Click(……(省略参数)) Handles MyBase.Click
    Label1.Text = "我的第一个程序"
End Sub
```

5. 运行程序后，单击窗体，观察 Label 控件中的文本变化。（单击窗体使如图 2-1 所示的界面变化为如图 2-2 所示。）

任务2　Textbox 和 Button 控件的应用

操作任务　利用文本框和按钮控件完成文本的输入操作。初始界面如图 2-3 所示。

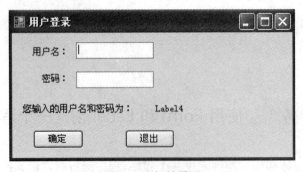
图2-3 初始界面

操作方案　通过 TextBox 控件完成文本的输入，通过 Button 控件完成文本的显示。单击"确定"按钮后，如图 2-4 所示。（用户名为：zhangsan，密码为：123。）

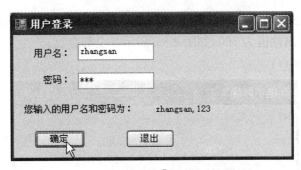

图 2-4　单击【确定】按钮后的界面

操作步骤

1. 新建项目"Chp2_2"，窗体上依次添加各控件并修改其属性（其中，TextBox2 的 PasswordChar 属性设置为"*"），见图 2-3。全部存盘。

2. 双击【确定】按钮，打开代码编辑窗口，在 Button1_Click 事件过程中输入如下代码：

```
Private Sub Button1_Click(……(省略参数)) Handles Button1.Click
    Me.Label4.Text = Me.TextBox1.Text + "," + Me.TextBox2.Text
End Sub
```

3. 返回设计界面，双击【退出】按钮，在 Button2_Click 事件过程中输入如下代码：

```
Private Sub Button2_Click(……(省略参数)) Handles Button2.Click
    Application.Exit()
End Sub
```

4. 运行程序，输入用户名和密码，单击【确定】按钮，结果如图 2-4 所示。

任务 3　Timer 控件和 Label 控件的应用

操作任务　编写一个显示当前时间的应用程序，要求每隔 0.5 s 刷新一次时间。初始界面如图 2-5 所示。

操作方案　使用一个定时器控件,设置它的 Interval 属性的值为 500,在它的 Tick 事件中把当前时间显示在 Label1 中。获取当前时间可使用 Now 函数。

操作步骤

1. 新建项目"Chp2_3",在窗体上放置一个 Label1 控件,再放置一个 Timer 控件。设置 Timer 控件的 Interval 属性值为 500,如图 2-5 所示。全部存盘。

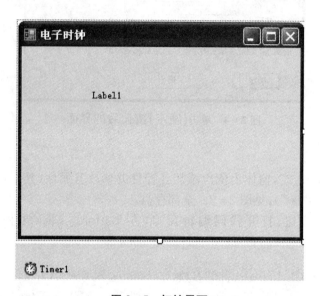

图 2-5　初始界面

2. 双击窗体,打开代码编辑窗口,在 Form1_Load 事件过程中输入如下代码:

```
Private Sub Form1_Load(……(省略参数)) Handles MyBase.Load
    Me.Timer1.Start()           '启动定时器,同 Timer 控件 Enabled 属性设为 True 一样
End Sub
```

3. 双击 Timer1 控件,打开代码编辑窗口,在 Timer1_Tick 事件过程中输入如下代码:

```
Private Sub Timer1_Tick(……(省略参数)) Handles Timer1.Tick
    Me.Label1.Text = Now()      '获得当前系统时间
End Sub
```

4. 运行程序后,界面如图 2-6 所示。

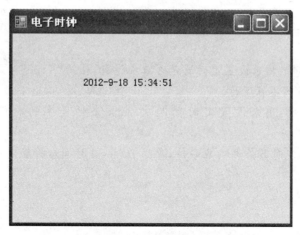

图 2-6 运行界面

小 结

本章中您学习了：
◆ 如何使用 Form 控件、Label 控件、TextBox 控件和 Button 控件
◆ 各控件的常用属性

1. Form 控件

(1) Text 属性：窗体标题栏上的文字。

(2) StartPosition 属性：确定窗体第一次出现时的位置。

(3) IsMdiContainer 属性：获取或设置一个值，指示窗体是否为多文档界面(MDI)中子窗体的容器。

(4) IsMdiChild 属性：获取一个值，指示该窗体是否为多文档(MDI)子窗体。

(5) 常用事件：Load，Click。

2. Label 控件

(1) Text 属性：用来设置或返回标签控件中显示的文本信息。

(2) BorderStyle 属性：用来设置或返回边框样式，有 3 种样式。

(3) AutoSize 属性：指定控件是否根据其内容的大小而自动调整。

3. TextBox 控件

(1) Text 属性：文本框中最重要的属性，控件中包含的文本。

(2) MaxLength 属性：用来设置文本框允许输入字符的最大长度。

(3) MultiLine 属性：用来设置文本框中的文本是否允许输入多行并以多行显示。

(4) ReadOnly 属性：用来获取或设置一个值，该值指示文本框中的文本是否为只读。

(5) PassWordChar 属性：该属性是一个字符串类型，允许设置一个字符，运行程序时，将输入到文本框中的内容全部显示为该属性的值。

4. Button 控件

(1) Text 属性：控件中包含的文本。

(2) Click 事件:当用户用鼠标左键单击按钮时,将发生该事件。

5. Timer 控件

(1) Enabled 属性:用来设置定时器是否正在运行,值为"True"时,定时器正在运行,值为"False"时,定时器不在运行。

(2) Interval 属性:用来设置定时器两次 Tick 事件发生的时间间隔,以毫秒为单位。

(3) Tick 事件:定时器控件响应事件,每隔 Interval 时间后将触发一次该事件。

自　学

实验 1　文本复制(独立练习)

操作任务　设计一个程序界面,如图 2-7 所示。在第一个文本框中输入文本,单击【复制】按钮,可以将第一个文本框中的内容全部复制到第 2 个文本框中;单击【清除】按钮,则将第 2 个文本框中的内容全部清除;单击【退出】按钮,则退出系统。(注意:第 2 个文本框是不能输入文本的。)

图 2-7　文本复制

操作步骤(主要源程序)

实验 2　利用计时器实现文字自动移动(独立练习)

操作任务　设计一个程序界面,在窗体上放置两个按钮控件、一个标签控件和一个计时器控件,由于计时器控件运行时不可见,所以设计时被安排在窗体的下方,如图 2-8 所示。适当调整窗体中各对象的位置和大小,并设置各对象的属性值。(提示:标签控件移动代码为:Me.Label1.Left = Me.Label1.Left + 3。)

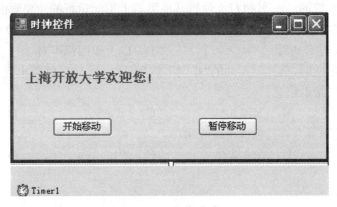

图 2-8　文字移动

操作步骤(主要源程序)

习 题

一、选择题

1. 在集成开发环境中有两类窗口：浮动窗口和固定窗口，下面不属于浮动窗口的是（　　）。
   A．工具箱　　　　　B．属性　　　　　　C．立即　　　　　　D．窗体
2. 在 VB．NET 2005 集成环境中创建应用程序时，除了工具箱窗口、窗体窗口、属性窗口外，必不可少的窗口是（　　）。
   A．窗体布局窗口　　B．立即窗口　　　　C．代码窗口　　　　D．监视窗口
3. 当创建一个项目名为"引例"的项目时，该项目的所有代码文件将保存在（　　）文件夹下。
   A．My Documents　　B．VB．NET　　　　C．\引例　　　　　D．Windows
4. 将调试通过后生成的．exe 可执行文件到其他机器上不能运行的主要原因是（　　）。
   A．运行的机器上没有安装．NET Frame　　B．缺少 *．frm 窗体文件
   C．该可执行文件有病毒　　　　　　　　　D．以上原因都不对
5. 当需要上下文帮助时，选择要帮助的"难题"，然后按（　　）键，就可出现 MSDN 窗口及显示所需"难题"的帮助信息。
   A．［Help］　　　　B．［F10］　　　　 C．［Esc］　　　　　D．［F1］
6. 在代码窗口，代码下方有蓝色波浪线表示（　　）。
   A．编译错误　　　　B．语法错误　　　　C．逻辑错误　　　　D．运行时错误

二、填空题

1. 要改变默认 Option 设置，单击菜单工具→选项，在"选项"界面上对＿＿＿＿进行相应选项的选择（也可以双击解决方案资源管理器上"My Project"进行设置）。
2. 对象的属性是指＿＿＿＿＿＿＿＿＿＿。
3. 对象的方法是指＿＿＿＿＿＿＿＿＿＿。
4. 在刚建立项目时，要使窗体上的所有控件具有相同的字体格式，应对＿＿＿＿的＿＿＿＿属性进行设置。
5. 属性窗口的属性可以按照＿＿＿＿和＿＿＿＿顺序排列。
6. 要同时保存解决方案中的每个文件，最方便的方法是单击工具栏的＿＿＿＿按钮。

第3章 语言基础

通过本章你将学会：

- 掌握数据类型
- 掌握变量和常量
- 掌握赋值语句
- 掌握运算符和各种表达式
- 掌握运算符优先级
- 掌握常用系统函数
- 特别掌握随机函数
- 掌握程序开发的I-P-O模型

导 学

 VB.NET 2005 的代码书写规则

1. 关键字和标识符

关键字又称系统保留字,是具有固定含义和使用方法的字母组合。关键字用于表示系统的标准过程、方法、属性、函数和各种运算符等,如 Private,Sub,If,Else,Select 等。

标识符是由程序设计人员定义的,用于表示变量名、常量名、控件对象名称等的字母组合。

VB.NET 2005 中标识符的命名规则如下:
(1) 标识符必须以字母、汉字或下划线开头;
(2) 只能由字母、汉字、数字或下划线组成;
(3) 不能使用关键字;
(4) 如果以下划线开头,则必须包含至少一个字母或数字。

例 以下为错误的标识符及其错误原因。

Public	(错误原因:使用了系统保留字);
Student name	(错误原因:标识符中出现了空格);
505Ccomputer	(错误原因:标识符以数字开头)。

2. 代码书写规则
(1) 不区分字母的大小写;
(2) 不能在对象名、属性名、方法名、变量名、关键字的中间断开;
(3) 一行可书写若干句语句,语句之间用":"分隔;
(4) 一句语句分若干行书写时,要用空格加续行符"_"连接;
(5) 同一语句的续行符之间不能有空行。

3. 注释

注释语句可用"Rem"或"'"引导。

例

Dim studentno As Integer	'定义一个学生学号的变量
Dim studentno As Integer	Rem 定义一个学生学号的变量

VB.NET 2005 的基本数据类型

VB.NET 2005 语言定义了多种数据类型,用以存储各种不同形式的数据,节省存储的空间。其常用的数据类型如表 3-1 所示。

表 3-1 常用数据类型

VB.NET 2005	占字节数	取 值 范 围
Boolean	2	True 或 False
Byte	1	0 到 255(无符号)
Char	2	0 到 65535(无符号)
Date	8	0001 年 1 月 1 日凌晨 0:00:00 到 9999 年 12 月 31 日晚上 11:59:59
Decimal	16	0 到 ±79,228,162,514,264,337,593,543,950,335 之间不带小数点的数; 0 到 ±7.9228162514264337593543950335 之间带 28 位小数的数; 最小非零数为 ±0.0000000000000000000000000001
Double(双精度浮点型)	8	负值取值范围为-1.79769313486231570E+308 到-4.94065645841246544E-324; 正值取值范围为 4.94065645841246544E-324 到 1.79769313486231570E+308
Integer	4	-2,147,483,648 到 2,147,483,647
Long(长整型)	8	-9,223,372,036,854,775,808 到 9,223,372,036,854,775,807
Object	4	任何类型都可以存储在 Object 类型的变量中
Short	2	-32,768 到 32,767
Single(单精度浮点型)	4	负值取值范围为-3.4028235E+38 到-1.401298E-45; 正值取值范围为 1.401298E-45 到 3.4028235E+38
String(变长)		大约 20 亿个 Unicode 字符
用户自定义的类型(结构)		结构中的每个成员都可以由自身数据类型决定取值范围,并与其他成员的取值范围无关

在程序设计过程中,不仅需要存储的数据有类型之分,在程序代码中出现的值也有类型之分,通常值的形式决定了它的数据类型。编译器将整数值作为 Integer 处理,将非整数值作为 Double 处理。此外,VB.NET 2005 还提供了一套值类型字符,可用于将值强制为某种类型,而不是由值的形式确定其类型,只需将值类型字符加于值后即可。表 3-2 中列出了可用的值的类型字符。

表 3-2 值类型字符

值类型字符	数据类型	值类型字符	数据类型
S	Short	F	Single
I	Integer	R	Double
L	Long	C	Char
D	Decimal		

为了便于对表 3.1 所列出的数据类型有进一步的认识，下面按类别对表中的数据类型进行说明。

1. 数值数据类型

数值数据类型用来处理能够区分大小的数值量，可分为整数类型和非整数类型两大类。

（1）整数类型分为有符号整数类型和无符号整数类型两种。

有符号整数类型包括 Short，Integer 和 Long。声明为有符号整数类型的变量只能存放整数。

无符号整数类型是 Byte，取值范围为 0～255。

（2）非整数类型包括 Decimal，Single 和 Double 这 3 种有符号类型，其中 Decimal 为定点数，Single 和 Double 为浮点数。

在计算机中最常用的是双精度浮点型 Double。Single 类型仅可以精确到 7 位十进制数，精确度不高；而 Double 型能精确到 15 位十进制数，所以在进行大数据运算时，可以采用 Double 型以提高运算精度。

在 Decimal 类型中可以存储非常精确的数字，在小数点可以保留 28 位小数。可以支持 0 到 ±79228162514264337593543950335 之间不带小数点的数；0 到 ±7.9228162514264337593543950335 之间带 28 位小数的数；最小非零数为 ±0.0000000000000000000000000001。

2. 字符及字符串类型

VB．NET 2005 提供了用来处理可显示和打印字符的专门数据类型。根据处理的字符的个数不同，字符数据类型又可分为 Char 类型和 String 类型两种，Char 类型中包含单个字符，而 String 类型中可包含多个字符。

在 VB．NET 2005 中，字符串是放在一对双引号内的若干字符，如果不包含任何字符，则该字符串称为空字符串。

例

"A"	'包含单个字符 A 的字符串
"abc"	'包含一串字符的字符串
""	'空串

3. 布尔类型

布尔类型又称为逻辑类型，类型名用 Boolean 表示，专门用来处理"True"和"False"这两个逻辑量。如果变量只能包含真/假、是/否、或者开/关等一对互斥信息，则应将其定义为 Boolean 类型，Boolean 类型的默认值为 False。在逻辑预算中，通常也把 0 当作"False"，非零当作"True"。

4. 日期时间类型

日期时间类型占 8 个字节，类型名为"Date"，表示范围为 0001 年 1 月 1 日凌晨 0：00：00 到 9999 年 12 月 31 日晚上 11：59：59。

Date 类型的值必须用一对"♯"来分隔,格式为 mm/dd/yy。例如♯8/12/12♯,表示 2012 年 8 月 12 日。

5. 对象类型

对象数据类型为一个 32 位地址,类型名用 Object 表示,可用于指向应用程序中的任何一个对象。被声明为 Object 类型的编程元素可接收任何数据类型的值。当其中包含值类型时,Object 将被作为值类型处理;如果其中包含引用类型时,Object 将被作为引用类型处理。这两种情况下,Object 变量都不包含值本身,而是指向值的指针。如果在声明中没有说明数据类型,则编译器默认变量的数据类型为 Object。

6. 用户自定义的类型

VB.NET 2005 除了提供上述基本数据类型外,还可以创建复合数据类型,如结构、数组和类。复合数据类型可由基本数据类型创建,也可以由其他数据类型创建。

结构的声明(对于结构内容,学员只作了解。)由 Structure 语句开始,由 End Structure 语句结束。

例

```
Structure Student
        Dim Number As String
        Dim Name As String
        Dim Age As Integer
        Dim Score As Single
End Structure
```

结构声明以后,就可以声明该结构的变量。

例

```
Dim s AS Student
```

要访问结构变量的字段,必须使用"."号。

例

```
s.Number="001212"
s.Age=18
```

VB.NET 2005 中的常量与变量

根据数据在内存中的存放和访问方式,数据可以被分为常量和变量。

1. 常量

所谓常量是指在整个应用程序执行过程中其值保持不变的量。常量包括直接常量和符号常量两种形式。

(1) 直接常量指在程序中直接给出的数据,包括数值常量、字符型常量、布尔常量、日期常量等。

各类常量的表示方法如下:

数值常量,如 23,235,65,23.54,0.345,234.65 等。

字符型常量,如"A","a","t","张毅","上海","VB.NET 2005 程序设计"等。

布尔常量,如 True,False。

日期常量,如 #10/21/2006#、#1/31/2000# 等。

(2) 符号常量:声明符号常量,使用 Const 语句来给常量分配名字、值和类型。

定义符号常量的一般格式如下:

```
Const <常量名> [As 数据类型]=表达式
```

功能:定义由"常量名"指定的符号常量。

说明:常量名是标识符,它的命名规则与标识符的命名规则相同。"As 数据类型"用来说明常量的数据类型。

例

```
Const pi As Single=3.1415926
Const dt as date=#1/2/1998#
```

2. 变量

在 VB.NET 2005 中,变量就是用来存储在应用程序执行时会发生变化的值。一个变量在内存中占据一定的存储单元,一个变量中可以存放一个数据。每个变量应有一个名字。

在使用变量之前,应先声明变量。在声明变量的同时还可以给变量赋初值。

变量声明语句的一般格式如下:

```
Declare <变量名> [As 数据类型]
```

其中,语句中的"Declare"可以是 Dim,Public,Protected,Friend,Protected Friend,Private,Shared 和 Static。

例

```
Dim myname As String        '声明 Stirng 类型变量 myname
Public total As Integer     '声明 Integer 类型变量 total
```

"As 数据类型"是可选的,用来定义变量的类型。如果省略,则默认为变量是 Object 类型的。但是如果 Option Strict 语句后的值被设置为"On"时,则此部分不能省略,必须显示指明变量的类型。

声明语句不仅可以声明变量，还可以在声明变量的同时对其初始化。

例

```
Dim aa as Integer =100          '将变量 aa 声明为整型变量,并将初值设置为 100
```

初值用来定义变量的初值。如果在声明变量的时候没有给变量赋初值，VB.NET 2005 就用数据类型的默认值来给出初始值。一般来说，数值类型被初始化为 0，字符串类型初始化为空串，布尔类型被初始化为 False。

为了兼容 VB6.0 之前的版本，在 VB.NET 2005 中还提供了一套类型字符，这些字符可在声明中指定变量或常量的数据类型（正常编程情况下，不建议使用）。表 3-3 中列出了可用的标识符类型字符，但是 Boolean，Byte，Char，Date，Object 和 Short 等，以及任何复合数据类型都没有标识符类型字符。

表 3-3 标识符类型字符

标识符类型字符	数据类型	标识符类型字符	数据类型
%	Integer	!	Single
&	Long	#	Double
@	Decimal	$	String

例

```
Dim a%                          '声明 Integer 类型变量 a
Const pi# =3.1415926            '声明 Double 类型常量 pi
```

3. Option Explicit 语句

（1）Option Explicit 的工作方式：

当 Option Explicit 设为"On"时（这是缺省情况），必须在使用变量前显示声明该变量，否则将产生编译错误。

当 Option Explicit 设为"Off"时，可以在代码中直接使用变量，即隐式声明该变量。这时该变量作为对象类型创建。

（2）设置 Option Explicit：

在代码最前面编写相应的语句，如 Option Explicit Off。

还可以用设置 Optipn Strict 语句的相同方法来设置 Option Explicit。

4. 类型转换

将值从一种数据类型改变为另一种数据类型的过程被称为类型转换。根据涉及的类型不同，类型转换可分为扩展转换和收缩转换；根据转换的方式不同，类型转换可分为显式转换和隐式转换。

(1) 扩展转换和收缩转换：

扩展转换是指转换后的目标数据类型能容纳转换前的源数据类型。扩展转换时，由于目标数据类型表示的范围和精度一般不低于源数据类型的范围和精度，因此不会导致信息损失，标准扩展转换如表 3-4 所示。

表 3-4　标准扩展转换

源数据类型	目标数据类型
Byte	Byte,Short,Integer,Long,Decimal,Single,Double
Short	Short,Integer,Long,Decimal,Single,Double
Integer	Integer,Long,Decimal,Single,Double
Long	Long,Decimal,Single,Double
Decimal	Decimal,Single,Double
Single	Single,Double
Double	Double
Char	Char,String
任意类型	Object

收缩转换是指转换后的目标数据类型无法容纳转换前的源数据类型。由于收缩转换的目标数据类型表示的范围和精度比源数据类型小，转换时很可能会导致信息损失，甚至转换失败（例如数值转换可以导致溢出）。并且编译器通常不允许隐式执行收缩转换。

(2) 显式转换和隐式转换：

类型转换时需要使用类型转换关键字，称为显式转换。显式转换时，系统将根据指定的关键字强制性地将对应的表达式的值转换为目标数据类型。

例

```
Dim a As Single ,b As Integer
a=56.7                    'a 为单精度浮点数,赋初值为 56.7
b=Cint(a)                 'b 的值为 56,Cint 关键字将 56.7 转换为 56
```

VB.NET 2005 提供的显式转换关键字如表 3-5 所示。

表 3-5　类型转换关键字

类型转换关键字	目标数据类型	类型转换关键字	目标数据类型
Cbool	Boolean	Cdbl	Double
Cbyte	Byte	Cdec	Decimal
Cchar	Char	Cint	Integer
Cdate	Date	Clng	Long

续 表

类型转换关键字	目标数据类型	类型转换关键字	目标数据类型
Cobj	Object	CSng	Single
Cshort	Short	Cstr	String

在给变量赋值时,若变量与赋值表达式的类型不一致,系统会先将表达式的值转换为与变量相同的数据类型,然后再赋给变量。由于这种类型转换是系统自动完成的,而且不需要使用任何特殊的语法,因此称为隐式转换。

例

```
Dim m As Integer
Dim n As Single
m=1000
n=m                      ' n 为 1000.0
```

为什么要用到变量

变量的作用就相当于大脑记忆单元的作用,向变量中存入一个值,就相当于大脑记住了一件事情,这个变量肯定代表一块存储区域,也就是说这块存储区域的名称就是这个变量名,而这块存储区域的内容就是这件事情的内容(即变量的值)。一个变量就有两方面的含义:第一,任何一个变量都有自己的一个名称,也就是某一块内存单元的名称;第二,任何一个变量都要占据一块内存单元用来存放数据,这块内容单元有大小之分,由变量类型来决定。在程序中经常要用变量来存放一些初始值、计算的中间结果或最终结果。

变量名的命名原则

首先要符合标识符的命名规则。其次要见名知意,在初学者编写的程序中,经常会看到这样的变量名:a1,b,c2 等,这样的变量名称虽然不影响程序的运行,但对于阅读程序的人来说就显得很困难了。我们在阅读一个程序时,看到一个变量名为"Apple_num",就可以大概猜到这个变量是用来表示苹果数量的,而同样的意义用变量"a"来表示,就很难一下子看明白这个变量的含义。所以在给变量起名的时候,尽可能使用与变量含义相符的名称。变量名的命名原则如下:

(1) 变量的定义就相当于是向系统申请内存;
(2) 变量在同一范围内必须是唯一的;
(3) 变量的使用规则是先定义,后使用;
(4) 不能使用系统关键字,如"True","If"等。

VB.NET 2005 中的运算符和表达式

1. 算术运算符

算术运算符可以对数值型数据进行幂(^)、乘法(*)、除(/)、整除(\)、取余(Mod)、加法(+)和减法(-)等运算。算术运算符运算规律见表 3-6。

表 3-6 算术运算符运算规律

运算符	名称	优先级	实例(设 a=3)	结果
^	乘方	1	a^2	9
-	负号	2	-a	-3
*	乘	3	a*a*a	27
/	除	3	10/a	3.333333
\	整除	4	10\a	3
Mod	取余	5	10 mod a	1
+	加	6	10+a	13
-	减	7	10-a	7

(1) 指数运算与取负运算:

指数运算比取负运算的优先级要高,但当指数运算符后面紧临着取负运算符时,先进行取负运算。

例 2^-2 的结果是 0.25,(-2)^-2 的结果是 0.25,而-2^-2 的结果是-0.25。

(2) 浮点数与整除运算:

整除运算执行整数除法运算,即运算符的操作数都要先四舍五入取整,其运算结果被截断为整型数或长整型数,并不进行四舍五入。

例 7.89\3.4 的结果为 2。

(3) 取模运算:

取模运算符 Mod 用来求余数,该运算是对两个操作数相除,并返回余数。如果有一个数是浮点数,则余数也是浮点数。

例 7 Mod 3 的结果为 1,7.5 Mod 3 的结果为 1.5。

2. 关系运算符

关系运算符也称比较运算符,用来对两个相同类型的表达式或变量进行等于(=)、大于(>)、小于(<)、大于等于(>=)、小于等于(<=)、不等于(<>)、字符串比较(Like)和对象引用比较(Is),其结果是一个逻辑值,即"True"和"False"。关系运算符运算规律见表 3-7。

表 3-7 关系运算符

运算符	名称	实例	结果
=	等于	"ABCDE"="ABR"	False
>	大于	"ABCDE">"ABR"	False
>=	大于等于	"bc">="大小"	False
<	小于	23<3	False
<=	小于等于	"23"<="3"	True
Like	字符串匹配	"ABCDEFG"Like"*DE"	True
Is	对象引用比较	ClassSample 1 is Nothing	True

在比较时注意以下规则:
(1) 如果两个操作数都是数值型,则按其大小比较;
(2) 如果两个操作数都是字符型,则按字符的 ASCII 码值从左到右逐一比较;
(3) 关系运算符的优先级相同;
(4) VB. NET 2005 中,Like 比较运算符用于字符串匹配,可与通配符"?"、"#"、"*"结合使用。

3. 逻辑运算符

逻辑运算也称布尔运算,有与(And)、或(Or)、非(Not)、异或(Xor)等操作。逻辑运算规律见表 3-8。

表 3-8 逻辑运算符

运算符	名称	结果
Not	逻辑非	当操作数为假时,结果为真,反之亦然
And	逻辑与	A 和 B 都是"True"时,结果才为 T
Or	逻辑或	A 和 B 都是"False"时,结果才为 F
Xor	逻辑异或	两个操作数的值不相同,结果为 T,相同时结果为 F
AndAlso	简化逻辑合取	当 A 为"False"时,结果为"False";当 A 为"True"时,结果与 B 相同
OrElse	短路逻辑析取	当 A 为"True"时,结果为"True";当 A 为"False"时,结果与 B 相同

4. 字符运算符

字符串运算符有"+"和"&"两个运算符,用来连接两个或更多个字符串。"+"要求参加连接的两个字符串必须均为字符串数据,"&"可以把不同类型的数据转变成字符串来连接。在字符串变量后使用运算符"&"时,变量名与"&"之间应留有一个空格。

例

"中国" + "上海"="中国上海"
"中国上海" & 2012="中国上海 2012"

当两个操作数中有一个是数值型数据时，
(1)"&"把数值类型数据转换为字符类型，然后进行字符的连接；
(2)"+"把字符数据转换为数值数据执行加法运算，但如果字符数据不能转换成数值，就会出错。

例

12.34＋"abc"	'出错
12.34 & "abc"	'结果为"12.34abc"
12.34＋"45"	'结果为57.34

说明：表达式由变量、常量、运算符和圆括号按一定的规则组成。在运算时要注意运算符的优先级。在VB.NET 2005中，运算符的优先级由高到低依次为：①函数运算，②算术运算，③字符串运算，④关系运算，⑤逻辑运算。

VB.NET 2005 中的常用函数

1. 数学函数

数学函数包含在Math类中，使用时应在函数名之前加上"Math"，如Math.sin(3.14)。也可以先将Math命名框架引入到程序中，然后直接调用函数即可。引入命名空间在类模块、窗体模块或标准模块的在声明部分使用Imports语句，如导入Math命名空间，可使用如下语句：

Imports System.Math

在VB.NET 2005中常用的数学函数如表3-9所示。

表3-9 常用数学函数

函数名称	函数功能及参数说明	例子	结果
Abs	返回绝对值。	Abs(-12.8)	12.8
Sin	返回Double型正弦值。	Sin(3.14)	0
Cos	返回Double型余弦值。	Cos(3.14)	1
Exp	返回Double类型的以e为底数的指数幂值。	Exp(5.47)	237.460142940041
Log	返回Double型对数值。	Log(5.47)	1.6992785780777
Round	返回Double类型的最靠近指定数值的数。	Round(-12.8) Round(5.47)	-13 5
Sign	返回Integer型数值，判断参数的符号。	Sign(-12.8) Sign(5.47) Sign(0)	-1 1 0
Sqrt	返回Double型开方值。	Sqrt(5.47)	2.33880306785151
Tan	返回Double型正切值。	Tan(3.14)	0

2. 字符处理函数

字符处理函数可以直接调用，常用的字符处理函数见表3-10。

表3-10 常用字符处理函数

函数格式	函数功能及参数说明	例子	结果
Ucase(s)	把字符串参数转换成大写字符。	UCase("lEFt")	"LEFT"
Lcase(s)	把字符串参数转换成小写字符。	LCase("lEFt")	"left"
Left(s,n)	从字符串 s 左边第一个字符开始截取 n 个字符。	Left("中国人民",2)	"中国"
Right(s,n)	从字符串 s 右边最后一个字符开始截取 n 个字符。	Right("li hong",4)	"hong"
Mid(s,n[,L])	从字符串 s 的第 n 个字符开始截取 L 个字符。	Mid("中国人民",3,1)	"人"
LTrim(s)	去除字符串 s 左边的空格。	LTrim(" 12.3 ")	"12.3 "
RTrim(s)	去除字符串 s 右边的空格。	RTrim(" 12.3 ")	" 12.3"
Trim(s)	同时去除字符串 s 左边和右边的空格。	Trim(" 12.3 ")	"12.3"
InStr([n,]s1,s2[,m])	返回字符串 s2 在字符串 s1 中的第一个匹配项的起始位置；如果字符串 s2 不在字符串 s1 中，则返回 0。其中参数 n 用来指定字符串匹配操作的起始位置，s1 是搜索的字符串，s2 是要查找的字符串，m 用来指定字符串比较的类型。	InStr(123.2,"12") InStr(2,123.2,"12") InStr(123.2 "12",0)	1 0 1
StrComp(s1,s2[,m])	比较两个字符串：如果 s1 大于 s2，则返回 1；如果 s1 小于 s2，则返回 －1；如果 s1=s2，则返回 0。	StrComp("Zhe","zho") StrComp("Zho","zho") StrComp("Zho","zhe")	-1 0 1
Len(s)	计算字符串所含字符的个数。	Len("中国 Zhong")	7
StrReverse(s)	返回与指定字符串 s 的字符顺序相反的字符串。	StrReverse("Zheng")	"gnehZ"

3. 随机数函数

产生随机数使用 Rnd 函数，该函数的一般格式为：Rnd(X)，产生一个[0,1]之间的单精度随机数。

要产生一个[n,m]之间的随机数，可以用下面的公式来完成：

Int((m－n＋1) * Rnd＋n)

4. 转换函数

常用的转换函数如表3-11所示。使用这些函数可以进行不同数据类型之间的转换。数据类型之间的转换函数可参考本书的附录 B,检查合法法性函数可参考附录 C,格式化输出函数可参考附录 D。

表 3-11 常用的转换函数

函数格式	函数功能及参数说明	例子	结果
Chr(x)	返回与指定字符代码相关联的字符。参数 x 是 Integer 型的数,其取值范围为 -32768~65536。	Chr(65) Chr(-14133)	"A" "人"
Asc(s)	返回字符 s 的代码数据或字符代码。对于单字节字符集,函数返回值范围为 0~255;对于双字节字符集,函数返回值范围为 -32768~32768。	Asc("A") Asc("人")	65 -14133
Str(x)	把数字转换为字符串。	Str(12.3) & "a"	"12.3a"
Format(x[,格式说明符])	返回根据指定格式设置 x 的字符串。其中 x 是值数据,格式说明符是一个由预定义说明符组成的字符串。	Format(12.3) Format(31.5,"00.00")	12.3 31.50
Hex(x)	返回数值数据 x 的十六进制值的字符串。如果 x 不是整数,则将其舍入到最接近的整数;如果省略参数,则返回 0。	Hex(459)	1CB
Oct(x)	返回数值数据 x 的八进制值的字符串。对参数 x 的要求与 Hex 函数一致。	Oct(459)	713
Val(s)	把参数 s 转换为适当类型的数值。参数 s 可以是 String 表达式、Object 变量(其值必须可以转换为 String 类型)或 Chr 值。	Val("2457") Val("asds")	2457 0
Fix(x)	不进行舍入,直接返回数值 x 的整数部分。	Fix(99.8) Fix(-26.2)	99 -26
Int(x)	如果 x≥0,则不进行舍入,直接返回 x 的整数部分;如果 x<0,则返回小于或等于 x 的最大负整数。	Int(99.8) Int(-26.8)	99 -27
Cint(x)	把数值进行四舍五入取整。	Cint(99.8) Cint(-26.2)	100 -26

5. 日期函数

一般地,使用日期函数可以获得一个日期或时间数据。常用的日期函数如表 3-12 所示。

表 3-12 常用的日期函数

函数格式	函数功能及参数说明	例子	结果
Now()	返回当前系统日期和时间。	Now()	2005-3-21 17:12:57

续　表

函数格式	函数功能及参数说明	例子	结果
Today()	返回或设置当前系统的日期。	Today()	2005-3-21 0:00:00
TimeOfDay()	返回或设置当前系统时间。	TimeOfDay()	0001-1-1 17:12:58
Year(d)	返回日期变量 d 指定的年,值是 1~9999 的整数。	Year(Now)	2005
Month(d)	返回日期变量 d 指定的月,值是 1~12 的整数。	Month(Now)	3
Day(d)	返回日期变量 d 指定的日,值是 1~31 的整数。		
Hour(d)	返回时间变量 d 指定的时,值是 0~23 的整数。	Hour(Now)	17
Minute(d)	返回时间变量 d 指定的分,值是 0~59 的整数。	Minute(Now)	12
Second(d)	返回时间变量 d 指定的秒,值是 0~59 的整数。	Second(Now)	57
Weekday(d)	返回 1~7 之间的整数,代表日期对应的星期数。	Weekday(Now)	2

 InputBox 函数

InputBox 函数用于接受用户从键盘输入的数据,也称输入框。在运行时,它会自动产生一个对话框,用户可在其中输入数据。格式如下:

InputBox(对话框字符串 S[,标题 S][,文本框默认值 S][,横坐标值 N][,纵坐标值 N])

其中,对话框字符串 S,是对话框中显示的提示字符串。标题 S,是对话框标题栏的字符串,如果省略,则标题栏中为应用程序名。文本框默认值,是文本框中显示的默认字符串,如果省略,则文本框为空。横、纵坐标值,是对话框在屏幕上的左上角位置。

例

InputBox("请输入文件名:","打开文件","c:\windows\notepad.exe")

 MessageBox.Show 函数

MessageBox.Show 函数用于向用户发布提示信息。在运行时,它会自动产生一个对话框,也称消息框,其中显示提示消息,同时还包含命令按钮,要求用户通过单击按钮做出必要的响应,作为程序继续执行的依据。格式如下:

MessageBox.Show(消息文本 S[,显示按键 n])[,标题 S])

例

MessageBox.Show("是否退出系统?",vbOKCancel＋vbQuestion,"退出")

 助　学

任务1　求两个整数相加

操作任务　编写一个求两个整数相加之和的程序,运行界面如图3-1所示。

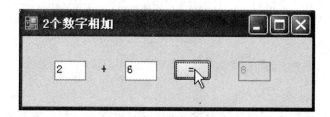

图3-1　两个整数相加

操作方案　在窗体中添加3个文本框、1个标签和1个按钮。前两个文本框中分别输入两个整数,点击【＝】按钮后在第3个文本框中显示两数相加的结果。

操作步骤

1. 新建项目Chp3_1,全部存盘。
2. 修改Form1的Text属性为:求2个整数相加。
3. 在窗体中添加3个文本框、1个标签和1个按钮,调整它们的位置,将第3个文本框设置为不可修改。
4. 双击【＝】按钮,进入代码编写窗体,直接在光标处加入如下代码:

```
Private Sub Button1_Click(……(省略参数)) Handles Button1.Click
        Dim op1, op2, result As Integer
        op1 ＝ TextBox1.Text
        op2 ＝ TextBox2.Text
        result ＝ op1 ＋ op2
        TextBox3.Text ＝ result
End Sub
```

5. 运行程序后,在窗体的前两个文本框中输入整数,点击【=】按钮即可在第3个文本框中显示两个整数之和。如果前面某个文本框中误输入"2a",点击【=】按钮后,会出现什么现象?(提示:使用转换函数 Val() 和 Cstr()。)

任务2　求梯形的面积

操作任务　编写一个求梯形面积的程序。用户输入梯形的上底、下底和高,就能计算出该梯形的面积,运行界面如图 3-2 所示。

操作方案　在窗体中添加 4 个文本框,前 3 个文本框用于输入数据,最后一个文本框用于显示结果。一般来说,一个程序总归包含 3 个部分:输入、处理和输出,简称 I-P-O,"输入"和"输出"一般都是对应文本框,输出文本框设置为不可修改。对于每道题目,输入文本框和输出文本框的数量不同,以下不再赘述。关键是"处理"要用代码实现。(提示:梯形面积 = $\dfrac{上底+下底}{2} \times 高$。)

图 3-2　梯形面积

操作步骤

1. 新建项目 Chp3_2,全部存盘。
2. 修改 Form1 的 Text 属性为:梯形的面积。
3. 在窗体中添加控件,调整它们的位置,将第 4 个文本框设置为不可修改。
4. 双击【计算】按钮,进入代码编写窗体,直接在光标处加入如下代码:

```
Private Sub Button1_Click(……(省略参数)) Handles Button1.Click
    Dim a, b, h As Single
    Dim s As Single
    a = Val(Me.TextBox1.Text)
    b = Val(Me.TextBox2.Text)
    h = Val(Me.TextBox3.Text)
    s = (a + b) * h / 2                            '算术表达式
    Me.TextBox4.Text = CStr(s)
End Sub
```

5. 运行程序。
6. 代码输入时用"Me"可以简化录入。面积变量要用实数型,因为计算结果可能含有小数。

任务3　求一个四位整数的各位数之和

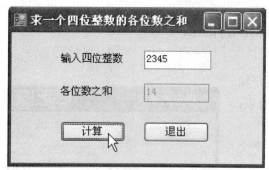

图3-3　求一个四位整数的各位数之和

操作任务　编写一个求整数（四位）各位数之和的程序，如图3-3所示。输入整数：2345，各位数之和：14(2＋3＋4＋5的结果)。

操作方案　1个输入文本框，1个输出文本框。（处理过程：需要4个临时变量，用来存储这个整数的千位、百位、十位和个位，最后把这4个变量相加就是需要的结果。）

操作步骤

1. 新建项目Chp3_3,全部存盘。
2. 修改Form1的Text属性为：求一个四位整数的各位数之和。
3. 在窗体中添加控件，调整它们的位置，将第2个文本框设置为不可修改。
4. 双击【计算】按钮，进入代码编写窗体，直接在光标处加入如下代码：

```
Private Sub Button1_Click(……(省略参数)) Handles Button1.Click
    Dim a1,a2,a3,a4 As Integer
    Dim tmp, sum As Integer
    tmp = val(Me.TextBox1.Text)
    a1 = tmp \ 1000
    tmp = tmp Mod 1000
    a2 = tmp \ 100
    tmp = tmp Mod 100
    a3 = tmp \ 10
    tmp = tmp Mod 10
    a4 = tmp
    sum = a1 + a2 + a3 + a4
    Me.TextBox2.Text = CStr(sum)
End Sub
```

5. 运行程序。
6. 思考：有没有其他方法？能否求任意位数的整数各位数之和？

任务4　字符串处理

操作任务　如图3-4所示，上面求字符串连接，下面求字符串的子串。

第 3 章 语言基础

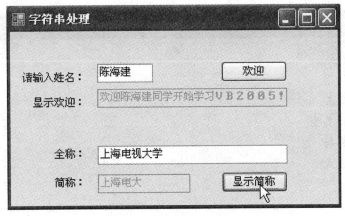

图 3-4 字符串处理

操作方案 字符串处理最重要的是字符串连接和取子串。上面是字符串常量和字符串变量连接,有个运算符。下面是取字符串的子串,功能最强大的是 Mid 函数。

操作步骤

1. 新建项目 Chp3_4,全部存盘。
2. 修改 Form1 的 Text 属性为:字符串处理。
3. 在窗体中添加控件,调整它们的位置,分别将第 2 个文本框设置为不可修改。
4. 【欢迎】按钮代码如下:

```
Private Sub Button1_Click(……(省略参数)) Handles Button1.Click
    Dim UserName As String
    UserName = Me.TextBox1.Text
    Me.TextBox2.Text = "欢迎" + UserName & "同学开始学习 VB2005!"
End Sub
```

5. 【显示简称】按钮代码如下:

```
Private Sub Button2_Click(……(省略参数)) Handles Button2.Click
    Dim FullName, SimpleName As String
    FullName = Me.TextBox3.Text
    SimpleName = Strings.Left(FullName,3) & Mid(FullName,5,1)
    Me.TextBox4.Text = SimpleName
End Sub
```

6. 思考:欢迎的内容能否修改? 显示简称能否根据用户需要来设置?

小　结

本章中您学习了：
- 常量的使用
- 变量的定义
- 理解数据类型
- 各类运算符
- 各类表达式

自　学

实验 1　完成 7 个算术运算符的功能（独立练习）

操作任务　在任务 1 基础上，增加其他 6 个算术运算符，如图 3-5 所示。

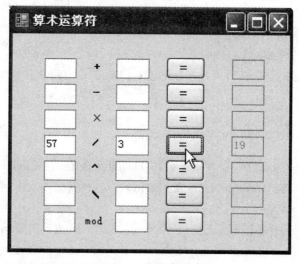

图 3-5　算术运算符

操作步骤（主要源程序）

实验 2　求华氏温度对应的摄氏温度(独立练习)

操作任务　华氏温度对应摄氏温度公式为

$$C = \frac{5(F-32)}{9}$$

其中 C 表示摄氏温度，F 表示华氏温度。界面如图 3-6 所示。

操作步骤(主要源程序)

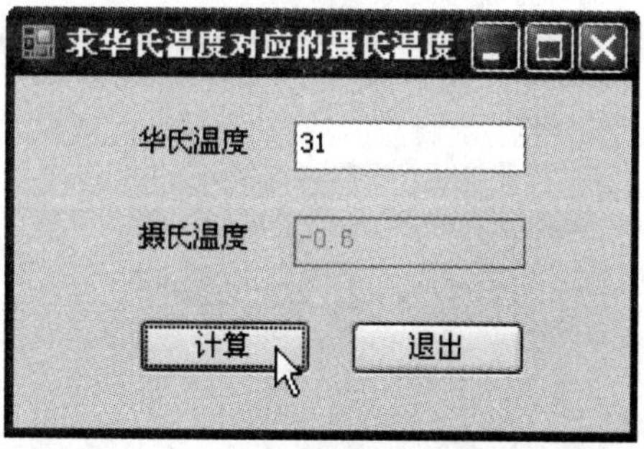

图 3-6　求华氏温度对应的摄氏温度

实验3　求三角形面积(独立练习)

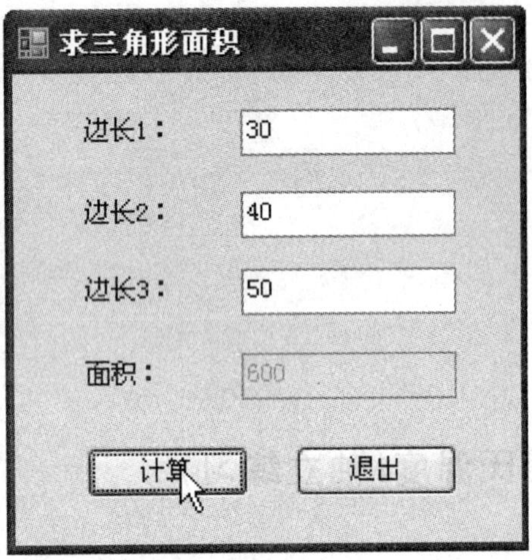

操作任务　输入三角形的3条边,即可算出该三角形的面积。计算公式为

$$S = \sqrt{p(p-a)(p-b)(p-c)}$$

其中 a,b,c 为3条边长,$p = \dfrac{a+b+c}{2}$。界面如图3-7所示。假设输入的3条边长为：10,20,40,会产生什么现象,为什么？

操作步骤(主要源程序)

图3-7　求三角形面积

实验4 求圆的直径(独立练习)

操作任务 输入圆的面积,求圆的直径,界面如图3-8所示。通常计算圆面积公式为

$$S = \pi \times R^2$$

其中R是半径。如何推导出直径D,这是解决本题的核心问题。

操作步骤(主要源程序)

图3-8 求圆的直径

实验5 四位整数位数倒置(3种方法独立练习)

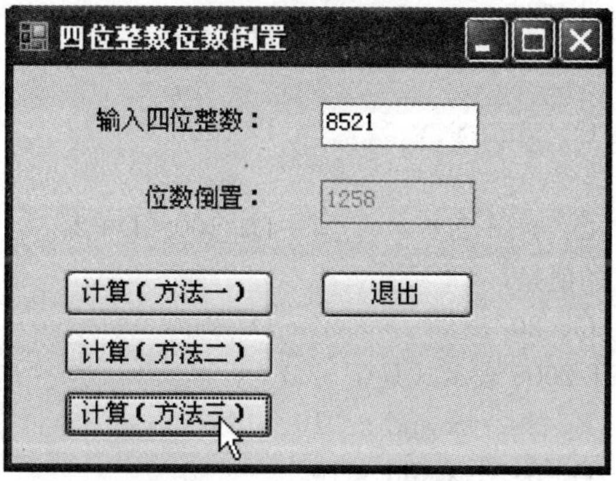

操作任务 在任务3基础上,将个、十、百、千位进行倒置,如输入8521,则显示1258。要求采用3种方法来完成。界面如图3-9所示。

操作步骤(主要源程序)

方法一

图3-9 四位整数位数倒置

方法二

方法三

习 题

一、选择题

1. 在一行内写多条语句时,每个语句之间用( )符号分隔。
   A. ,   B. :   C. 、   D. ;
2. 一条语句要在下一行继续写,应在第1行最后加上( )符号作为续行符。
   A. +   B. —   C. _   D. …
3. 下面属于合法变量名的是( )。
   A. X_yz   B. 123abc   C. Integer   D. X—Y
4. 下面不合法的整常数的是( )。
   A. 100   B. &O100   C. &H100   D. %100
5. 下面属于合法的字符常量的是( )。
   A. ABC $ B. "ABC"   C. 'ABC'   D. ABC
6. 下面属于合法的单精度型变量的是( )。
   A. num%   B. sum%   C. xinte $ D. mm#
7. 下面属于不合法的双精度常量的是( )。
   A. 100#   B. 100.0   C. 1E+2   D. 100.0D+2
8. 表达式 16 / 4 — 2 ∧ 5 * 8 / 4 Mod 5 \ 2 的值是( )。
   A. 14   B. 4   C. 20   D. 2
9. 数学关系式 3≤x<10 表示成正确的 VB.NET 2005 表示式是( )。
   A. 3<=x<10   B. 3<=x and x<10
   C. x>=3 or x<10   D. 3<=x and <10
10. \、/、mod、* 这4个算术运算符中,优先级别最低的是( )。
    A. \   B. /   C. mod   D. *

11. 与数学表示式 $\dfrac{ab}{3cd}$ 对应,VB.NET 2005 的不正确表示式是( )。

   A．a*b/(3*c*d)　　　　　　　　B．a/3*b/c/d
   C．a*b/3/c/d　　　　　　　　　D．a*b/3*c*d

12. Rnd 函数不可能为下列( )值。

   A．0　　　　B．1　　　　C．0.1234　　　　D．0.0005

13. Int(198.555*100+0.5)/100 的值是( )。

   A．198　　　　B．199.6　　　　C．198.56　　　　D．200

14. 已知 A$="12345678",则表示式 Val(Mid(A,1,4)+Mid(A,4,2))的值是( )。

   A．123456　　　　B．123445　　　　C．8　　　　D．6

15. 表示式 Len("123 程序设计 ABC")的值是( )。

   A．10　　　　B．14　　　　C．20　　　　D．17

16. 下面正确的赋值语句是( )。

   A．x+y=30　　　B．y=∏*r*r　　　C．y=x+30　　　D．3Y=x

17. 为了给 x,y,z 这 3 个变量赋初值 1,下面正确的赋值语句是( )。

   A．x=1:y=1:z=1　　　　　　　　B．x=1,y=1,z=1
   C．x=y=z=1　　　　　　　　　　D．xyz=1

18. 赋值语句"a=123+Mid("123456",3,2)"执行后,a 变量中的值是( )。

   A．"12334"　　　　B．123　　　　C．12334　　　　D．157

19. 赋值语句"a=123 & Mid("123456",3,2)"执行后,a 变量中的值是( )。

   A．"12334"　　　　B．123　　　　C．12334　　　　D．157

20. 已知 a=12,b=20,复合赋值语句"a*=b+10"执行后,a 变量中的值是( )。

   A．50　　　　B．250　　　　C．30　　　　D．360

二、填空题

1. 在 VB.NET 2005 中,1234、123456&、1.2346E+5 这 3 个常数分别表示_____、_____、_____类型。

2. 整形变量中 x 中存放了一个两位数,要将两位数交换位置,例如 13 变成 31,实现的表达式是_____。

3. 数学表达式 $\sin 15° + \dfrac{\sqrt{x+e^3}}{|x-y|} - \ln(3x)$ 的 VB.NET 2005 算术表示式是_____。

4. 数学表达式 $\dfrac{a+b}{\dfrac{1}{c+5}-\dfrac{1}{2}cd}$ 的 VB.NET 2005 算术表达式为_____。

5. 表示 x 是 5 的倍数或是 9 的倍数的逻辑表达式为_____。

6. 已知 a=3.5,b=5.0,c=2.5,d=True,则表达式"a>=0 and a+c>6+3 or not d"的值是_____。

7. Int(-3.5),Int(3.5),Fix(-3.5),Fix(3.5),Round(-3.5),Round(3.5)的值分别是

_____、_____、_____、_____、_____、_____。

8. 表达式 UCase(Mid("abcdefgh",3,4)) 的值是_____。
9. 在直角坐标系中，x，y 是坐标系中任意点的位置，用 x 和 y 表示在第一象限或第三象限的表达式是_____。
10. 表示 s 字符变量是字母字符(大小写字母不区分)的逻辑表达式为_____。
11. 请将下面的代码补充完整，以实现下述功能：随机产生 1 个三位数的正数，然后逆序输出，产生的数与逆序数分别显示在第 1 个文本框和第 2 个文本框。例如：产生 246，输出 642。

```
Private Sub Button1_Click(……(省略参数)) Handles Button1.Click
    Dim x, y As Integer
    x = Int(_____)
    y = (x Mod 10) * 100 + _____ + x \ 100
    TextBox1.Text = x
    TextBox2.Text = y
End Sub
```

第 4 章 流程控制

通过本章你将学会：

- 流程控制：顺序结构、选择结构和循环结构
- 逻辑判断
- 单分支、双分支和多分支
- For 和 While 循环语句
- 对字符串的操作

控制结构

在 20 世纪 60 年代,就出现了结构化程序设计的概念,指出程序的编写应采用结构化方法。1966 年提出了任何计算机程序都可以由 3 种基本结构组成。

这 3 种基本结构是顺序结构、选择结构和循环结构。3 种基本结构的基本特点是每一种结构都只有一个入口和一个出口。任何一个算法都可以用这 3 种基本结构实现,任何复杂的程序都可以分解为 3 种基本结构。

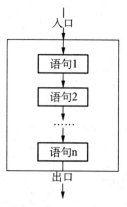

顺序结构

顺序结构是最简单的控制结构,按照语句书写的顺序一句一句执行。典型的例子是交换两个变量 x 和 y 的值。

交换两个变量值的代码如下(前面的序号表示执行顺序):

1. Dim x As Integer = 10
2. Dim y As Integer = 20
3. Dim temp As Integer
4. temp = x   '此时 temp 中保存 x 的值 10
5. x = y   'x 值变为 y 的值 20
6. y = temp   'y 值变为 temp 中保存的 x 的值 10,交换完成

选择结构

(1) 基本形式中 If 语句的语法格式如下:

```
If 表达式 Then
    语句块 1
[Else
    语句块 2]
End If
```

例

使用 If 语句判断变量。

If a>b Then MessageBox.Show ("a 大于 b")，这句代码用于判断 a 和 b 两个变量值的大小，由于执行语句只有一句，因此写在了同一行上，并且省略了 End If。如果有 Else 代码，则代码如下：

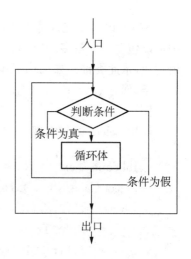

```
If a>b Then
    MessageBox.Show ("a 大于 b")
Else
    MessageBox.Show ("a 小于等于 b")
End If
```

增加了第 3 行的 Else 子句，当 a 不大于 b 时，也显示相应信息。

（2）If-Then-Else 语句中使用 ElseIf 语句的语法格式如下：

```
If 表达式 1 Then
    语句块 1
ElseIf 表达式 2 Then
    语句块 2
ElseIf 表达式 3 Then
    语句块 3
    ……
Else
    语句块 n
End If
```

（3）Select 语句的语法格式如下：

```
Select Case 表达式
    Case 情况列表 1
        语句块 1
    Case 情况列表 2
        语句块 2
    ……
    Case Else
        语句块 n
End Select
```

Select 语句首先计算表达式的值，之后与 Case 语句指定的情况列表进行比较。情况列表中可以包含一个或多个值，某个范围的值或值和比较运算符的组合。如果匹配，则执行其后的语句块，依此类推。如果均不匹配，则执行 Case Else 后面的语句块。Case 语句可以有一条或者多条，而且 Case Else 语句可以省略。

例

使用 Select 语句实现 SayHello 应用程序。

```
lblTime.Text = Now().ToString()
Select Case Now().Hour
    Case 0,1,2,3,4,5,6,7,8,9,10,11,12
        lblInfo.Text = "Good morning,Cindy!"
    Case 13,14,15,16,17,18
        lblInfo.Text = "Good afternoon,Cindy!"
    Case Else
        lblInfo.Text = "Good evening,Cindy!"
End Select
```

例

上面的程序也可改成使用 to 关键字表示连续范围。

```
lblTime.Text = Now().ToString()
Select Case Now().Hour
    Case Is <= 12
        lblInfo.Text = "Good morning,Cindy!"
    Case 13 to 18
        lblInfo.Text = "Good afternoon,Cindy!"
    Case Else
        lblInfo.Text = "Good evening,Cindy!"
End Select
```

 循环结构

在某些应用中，可能需要重复执行某一个语句块。

例 一个用户登录程序，用户输入用户名和密码后需要进行检查，3 次错误即锁定该用户。

在这个应用中，有可能需要重复检查用户输入，因此应当将检查用户输入的语句块作为循环体，这是一个典型的循环结构。

循环语句的语法格式如下：

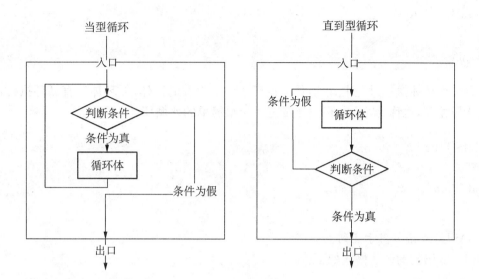

1. For-Next 语句用于计数循环

> For 循环变量 = 初值 To 终值 [Step 步长]
>   循环体
> Next [循环变量]

考虑一个应用程序：用户输入一个数之后，计算从 1 开始叠加到该数的总和。这是一个典型的计数循环的结构，可以使用 For 语句来实现。初值、终值和步长在循环之前就已经确定，也就是说循环次数是固定的，哪怕在循环体中修改终值和步长也不影响循环次数。

2. While 语句用于当型循环

当 n 值在开始时无法确定的情况下，也就是说，循环次数无法确定，此时 For 语句并不适用。因此，VB.NET 2005 提供了 While 语句来实现通过某个条件进行循环。

> While 循环条件
>   语句块
> End While

其中，循环条件为关系或逻辑表达式，值为 Boolean 类型。当循环条件为真时，循环执行语句块；当循环条件为假时，退出循环。因此 While 语句属于当型循环，意思是当循环条件为真时执行循环。

例 使用 While 语句求大于 100 的第一个 3 的幂次。

```
Dim intX As Integer = 3
```

```
While intX<=100
  intX*=3
End While
```

如果在循环体执行过程中,没有使得循环条件变为假的操作,循环体一直循环执行,我们称之为无限循环,也称为"死循环"。下面是一个最简单的死循环:

```
While True
  循环体
End While
```

3. Do-Loop 语句用于直到型循环

Do-Loop 语句的语法格式如下:

```
    Do {While | Until} 循环条件
        循环体
    Loop
```

其中,While 和 Until 是可选的。使用 While 时,当后面的条件满足则执行循环体;使用 Until 时,当后面的条件满足就退出循环体。

无论使用 While 还是 Until,都是先测试循环条件是否满足,再决定是否执行循环体。

4. 循环使用小结

在通常情况下,如果循环次数确定,一般选用 For 循环。

如果循环次数未知但有条件来保证循环过程是有限次数的,选用 While 循环。

实际上,在循环次数确定的情况下同样可以选择使用 While 语句。如在"Compute-Sum"应用程序中,我们使用 For 循环来计算从 1 到 n 的累加,使用 While 语句也同样可以实现。

5. 跳出循环控制

以上讲的内容都是循环变量值超出终值范围或者循环条件不满足,才终止循环。除此之外,还可以在循环体中使用 Exit 语句直接跳出循环控制结构。

根据使用的循环语句的不同,Exit 语句可以有以下几种形式:

```
Exit For
Exit While
Exit Do
```

语句嵌套

将一个语句放在另一个语句内部称为嵌套。选择结构语句和循环结构语句均可嵌套使用,可以是相同语句嵌套使用,也可以是不同语句嵌套使用。

使用语句嵌套的时候,必须是完全嵌套。

像下面这样的交叉嵌套是不允许的。

```
While 条件 2
        If 条件 2 then
End While
 End
```

 双重 For 循环

双重 For 循环语句的语法格式如下:

```
For 循环变量 1 = 初值 1 To 终值 1 Step 步长 1
    For 循环变量 2 = 初值 2 To 终值 2 Step 步长 2
        循环体
    Next [循环变量 2]
Next [循环变量 1]
```

助　学

任务 1　判断奇偶数

操作任务　编写一个判断奇偶数的程序。

操作方案　任意一个整数要么是奇数,要么是偶数,所以用双分支结构比较适合。界面如图 4-1 所示。

操作步骤

1. 建立项目,在窗体中添加控件,调整它们的位置,并修改相应属性。

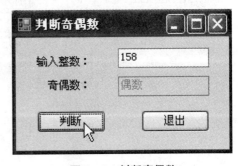

图 4-1　判断奇偶数

2. 【判断】按钮代码如下：

```
Private Sub Button1_Click(……(省略参数)) Handles Button1.Click
    Dim Number As Integer
    Dim Show As String
    Number = Me.TextBox1.Text
    If Number Mod 2 = 1 Then
        Show = "奇数"
    Else
        Show = "偶数"
    End If
    Me.TextBox2.Text = Show
End Sub
```

3. 思考：用 2 个单分支能否实现这一功能？

任务 2　两个数求最大

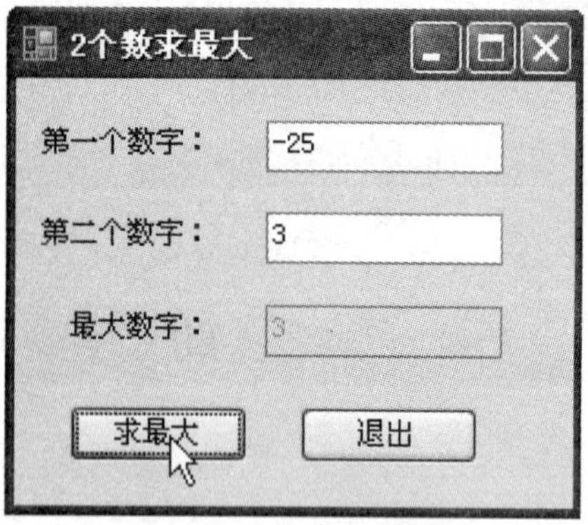

图 4-2　2 个数求最大

操作任务　编写一个求两个数最大的程序。

操作方案　求两个数中最大的数字，是典型的双分支结构。界面如图 4-2 所示。

操作步骤

1. 建立项目，在窗体中添加控件，调整它们的位置，并修改相应属性。

2. 【求最大】按钮的代码如下：

```
Private Sub Button1_Click(……(省略参数)) Handles Button1.Click
    Dim op1,op2 As Single
    Dim MaxNumber As Single
    op1 = Val(Me.TextBox1.Text)
    op2 = Val(Me.TextBox2.Text)
    If op1 > op2 Then
        MaxNumber = op1
```

```
        Else
            MaxNumber = op2
        End If
        Me.TextBox3.Text = CStr(MaxNumber)
End Sub
```

任务3 编写用户登录界面

操作任务 编写一个用户登录界面。正确的用户名：teacher,密码：123。当输入正确的用户名和密码时,下面显示"用户名和密码正确,可以登录"；当输入错误的用户名或密码时,下面显示"用户名或密码不正确,拒绝登录",而且字体为红色。当连续3次错误,系统自动退出。

图4-3 正确的用户名和密码登录

图4-4 错误的用户名和密码登录

操作方案 需要添加一个模块级变量,用来存放错误次数。提示框用 MessageBox.Show 函数来实现。

图4-5 3次错误,退出系统

操作步骤

1. 建立项目,在窗体中添加控件,调整它们的位置,并修改相应属性。

2. 代码如下：

```
Dim Count As Integer = 0                                    '输错密码的次数
Private Sub Button1_Click(……(省略参数)) Handles Button1.Click
    Dim CorrectUserName, CorrectPassword As String          '正确的用户名和密码
    Dim InputUserName, InputPassword As String              '输入的用户名和密码
    Dim Show As String
```

```
        CorrectUserName = "teacher" '假设正确的用户名
        CorrectPassword = "123" '假设正确的密码
        InputUserName = Me.TextBox1.Text
        InputPassword = Me.TextBox2.Text
        If CorrectUserName = InputUserName And _
          CorrectPassword = InputPassword Then
            Show = "用户名和密码正确,可以登录"
            Me.Label3.ForeColor = Color.Black
            Count = 0
        Else
            Show = "用户名或密码不正确,拒绝登录"
            Me.Label3.ForeColor = Color.Red
            Count = Count + 1
        End If
        If Count > 3 Then
            MessageBox.Show("错误3次,系统将退出","提示", _
                MessageBoxButtons.OK, MessageBoxIcon.Stop)
            Application.Exit()
        End If
        Me.Label3.Text = Show
    End Sub
```

3. 本程序的正确用户名和密码写在代码中,用户不能修改。真正的登录界面,用户名和密码存储在数据库中,与源程序没有关系。

任务4 求成绩等级程序(两种方法)

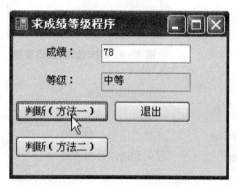

图4-6 求成绩等级程序

操作任务 编写一个求成绩等级的程序。共分5个等级:小于60分为"不及格";60分(含)至70分(不含)之间为"及格";70分至80分为"中等";80分至90分为"良好";90分至100分为"优秀"。界面如图4-6所示。

操作方案 本任务采用多分支结构。

操作步骤

1. 建立项目,在窗体中添加控件,调整它们的位置,并修改相应属性。

2. 求成绩等级程序两种方法的代码如下:

方法一

```
Private Sub Button1_Click(……(省略参数)) Handles Button1.Click
        Dim cj As Single                        '存放输入的成绩
        Dim dj As String                        '存放等级
        cj = Val(TextBox1.Text)                 '获取成绩
        If cj > 100 Or cj < 0 Then              '输入不正确
            dj = "输入不正确"
        ElseIf cj >= 90 Then                    '优秀
            dj = "优秀"
        ElseIf cj >= 80 Then                    '良好
            dj = "良好"
        ElseIf cj >= 70 Then                    '中等
            dj = "中等"
        ElseIf cj >= 60 Then                    '及格
            dj = "及格"
        Else
            dj = "不及格"                       '不及格
        End If
        TextBox2.Text = dj                      '显示学生的等级
End Sub
```

方法二

```
Private Sub Button2_Click(……(省略参数)) Handles Button2.Click
        Dim cj As Single                        '存放输入的成绩
        Dim dj As String                        '存放等级
        Dim temp As Integer
        cj = Val(TextBox1.Text)                 '获取成绩
        If cj > 100 Or cj < 0 Then              '输入不正确
            dj = "输入不正确"
        Else
            temp = Int(cj / 10)
            Select Case temp
                Case 9, 10
                    dj = "优秀"
                Case 8
                    dj = "良好"
```

```
                    Case 7
                        dj = "中等"
                    Case 6
                        dj = "及格"
                    Case 0 To 5
                        dj = "不及格"
                    Case Else
                        dj = "错误"
                End Select
            End If
            TextBox2.Text = dj
End Sub
```

任务5 求 s=1+2+3+…+n 的程序

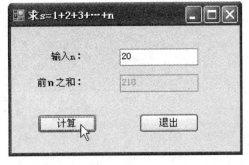

图 4-7 求 s=1+2+3+…+n

操作任务 编写一个求 1 到 n 之间整数之和的程序。界面如图 4-7 所示。

操作方案 因为 n 是未知的，所以只能用循环来实现，本任务用 For 语句比较方便。

操作步骤

1. 建立项目，在窗体中添加控件，调整它们的位置，并修改相应属性。

2. 【计算】按钮代码如下：

```
Private Sub Button1_Click(……(省略参数)) Handles Button1.Click
        Dim i,n,s As Integer
        n = Val(Me.TextBox1.Text)
        s = 0
        For i = 1 To n
            s = s + i
        Next
        Me.TextBox2.Text = CStr(s)
End Sub
```

3. 思考：求下列各式的值：

(1) S = 1×2×3×…×n;
(2) S = 2+4+6+8+…+n(n 为偶数);
(3) S = $\frac{1}{2}+\frac{3}{4}+\frac{5}{6}+…+\frac{n-1}{n}$(n 为偶数)。

任务6 求 e = $1+\frac{1}{1!}+\frac{1}{2!}+\frac{1}{3!}+…+\frac{1}{n!}$（要求精度达到 $1.0×10^{-6}$）的程序

操作任务　编写一个求 e 的程序。无限不循环小数 e 是一个常数,在工程上用得很多,它的数学表达式为 $1+\frac{1}{1!}+\frac{1}{2!}+\frac{1}{3!}+…+\frac{1}{n!}$。界面如图 4-8 所示。

操作方案　e 是无限不循环小数,n 也趋向于无穷大,VB.NET 2005 提供的任何数据类型都是有限的,所以理论上无法实现。但是,本任务要求精度达到 $1.0×10^{-6}$,意思就是当 e 的数学表达式中某一项 $\frac{1}{n!}$ 比 $1.0×10^{-6}$ 还小时,就不要再相加了。很明显在开始循环之前,循环次数是未知的,用 While 语句比较方便。

图 4-8　求 e

操作步骤
1. 建立项目,在窗体中添加控件,调整它们的位置,并修改相应属性。
2. 【计算】按钮代码如下:

```
Private Sub Button1_Click(……(省略参数)) Handles Button1.Click
    Dim i,s As Long
    Dim ee, temp As Double
    i = 1
    s = 1
    ee = 1.0
    temp = 1 / s
    While temp > 0.000001
        ee = ee + temp
        i = i + 1
        s = s * i
        temp = 1 / s
    End While
    ee = Math.Round(ee, 6)
```

```
            Me.TextBox1.Text = CStr(ee)
End Sub
```

任务7 筛选字母字符并反序存放

操作任务 编写一个程序,用来从字符串中筛选出字母并反序显示。界面如图4-9所示。

图4-9 筛选字母字符并反序存放

操作方案 字母包括大写和小写,用UCase函数全部转换为大写再判断。

1. 建立项目,在窗体中添加控件,调整它们的位置,并修改相应属性。
2. 【分离并反序】按钮代码如下:

```
Private Sub Button1_Click(……(省略参数)) Handles Button1.Click
                                'S存放输入的字符串,D存放结果字符串,T存放
                                 分离的字母字符串
    Dim S,D,T As String
    Dim I As Integer
    S = TextBox1.Text           '获取输入字符串
    T = ""
    For I = 1 To Len(S)         '本循环分离出字母字符串并存放在T中
        If UCase(Mid(S,I,1)) >= "A" And UCase(Mid(S,I,1)) <= "Z" Then
            T = T & Mid(S,I,1)
        End If
    Next I
    D = ""
    For I = Len(T) To 1 Step -1 '本循环把分离出来的字母字符串反序存放
        D = D & Mid(T,I,1)
    Next
```

```
            TextBox2.Text = D                '显示反序存放的字母字符串
End Sub
```

3. 【清除】按钮代码如下：

```
Private Sub Button2_Click(……(省略参数)) Handles Button2.Click
    TextBox1.Text = ""                '清除输入的字符串
    TextBox2.Text = ""                '清除反序存放的字母字符串
    TextBox1.Focus()                  '设置焦点
End Sub
```

任务 8 运用 For…Next 双层嵌套循环排序

操作任务　编写一个程序，随机产生 5 个 1~100 之间的不同整数，然后按升序进行排序。界面如图 4-10 所示。

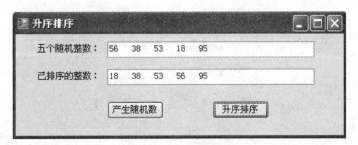

图 4-10　升序排序

操作方案　每一轮排序将相邻的数据进行比较，若次序不对就交换相邻两数的位置，出了内循环，最大数已经冒出，因此一轮排序过程也称为一次冒泡。

操作步骤

1. 建立项目，在窗体中添加控件，调整它们的位置，并修改相应属性。
2. 【产生随机数】按钮代码如下：

```
Dim ar(4) As Integer                            '定义一个一维数组,用来存放产生的5个整数
Private Sub Button1_Click(……(省略参数)) Handles Button1.Click
    Dim rd As New Random                        '随机函数初始化
    Me.TextBox1.Text = ""                       '文本框清空
    For i As Integer = 0 To 4
```

```
        ar(i) = rd.Next(1, 101)              '产生5个1—100之间的随机整数,并赋值给数组
        Me.TextBox1.Text = Me.TextBox1.Text + ar(i).ToString + " "
                                              '显示
    Next
End Sub
```

3.【升序排序】按钮代码如下:

```
Private Sub Button1_Click(……(省略参数)) Handles Button1.Click
    Dim i,j,k As Integer                     '定义3个变量,数据交换时用来临时存放数据
    Me.TextBox2.Text = " "                   '文本框清空
    For i = 0 To 4
        For j = i + 1 To 4
            If ar(i) > ar(j) Then            '相邻两数前者大于后者时,即次序不对时。
                k = ar(i)                    '相邻两数进行交换
                ar(i) = ar(j)
                ar(j) = k
            End If
        Next
        Me.TextBox2.Text = Me.TextBox2.Text + ar(i).ToString + " "
                                             '显示
    Next
    Me.TextBox2.Text = LTrim(Me.TextBox2.Text)
                                             '删除掉文本框左边的空格
End Sub
```

小　　结

本章中您学习了:
- ◆ If语句、ElseIf语句和Select Case语句
- ◆ For语句和While语句
- ◆ 选择结构与循环结构结合使用
- ◆ 双重循环结构使用

自 学

实验 1 4个数字求最小(独立练习)

操作任务 参照任务2,编写一个求4个数字中最小数的程序。界面如图4-11所示。

图 4-11 求4个数字中最小数

操作步骤(主要源程序)

实验2 超市购物打折程序(独立练习)

操作任务 某超市为了促销,按购买货物金额的多少分别给予不同的优惠折扣,具体折扣情况如下:

购物不足 250 元,没有折扣;

购物满 250 元(含 250 元)、不足 500 元,减价 5%;

购物满 500 元(含 500 元)、不足 1 000 元,减价 7.5%;

购物满 1 000 元(含 1 000 元)、不足 2 000 元,减价 10%;

购物满 2 000 元(含 2 000 元),减价 15%。

请编写一个程序,用来根据输入的购物款计算出应付款。界面如图 4-12 所示。

图 4-12 超市购物打折程序

操作步骤(主要源程序)

实验3 求 n! =1×2×3×4×…×n(独立练习)

操作任务 编写一个求 n 阶乘的程序。界面如图 4-13 所示。

操作步骤(主要源程序)

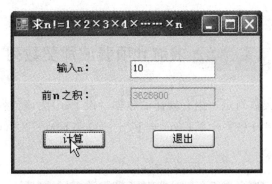

图 4-13 求 n 的阶乘

实验 4 求 $\Pi = 4\left(\dfrac{1}{1} - \dfrac{1}{3} + \dfrac{1}{5} - \dfrac{1}{7} + \dfrac{1}{9} - \dfrac{1}{11} + \cdots\right)$

(要求精度达到 1.0×10^{-6})(独立练习)

操作任务 参照任务 6,编写一个求 Π 的程序,要求精度达到 1.0×10^{-6}。界面如图 4-14 所示。

图 4-14 求 Π

操作步骤(主要源程序)

实验 5　求前 n 项斐波那契数列

操作任务　斐波那契数列是一组有规律的数据。设 F(n) 为该数列第 n 项的值（n∈N⁺），数学表达式为：$F(1)=1, F(2)=2, F(n)=F(n-1)+F(n-2)$ $(n\geqslant 3)$。界面如图 4-15 所示。

图 4-15　求斐波那契数列

操作步骤（主要源程序）

实验 6　华氏与摄氏温度对照表

操作任务　华氏温度对应摄氏温度公式的为

$$C = \frac{5(F-32)}{9},$$

其中 C 表示摄氏温度，F 表示华氏温度。求华氏与摄氏温度对照表，界面如图 4-16 所示。

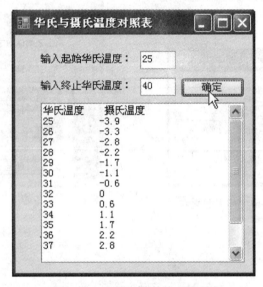

图 4-16　华氏与摄氏温度对照表

操作步骤（主要源程序）

实验 7　求 n 到 m 之间偶数之和（n 和 m 均为整数，且 n≤m）

操作任务　编写一个求 n 到 m 之间偶数之和的程序，如果 n＞m，则给出错误提示，运行界面分别如图 4-17 和图 4-18 所示。

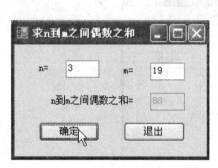

图 4-17　求 n 到 m 之间偶数之和

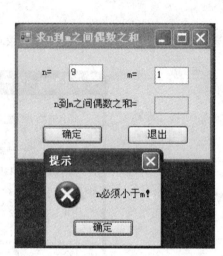

图 4-18　错误提示

操作步骤（主要源程序）

实验 8　判断字符串是否为回文

操作任务　编写一个判断回文的程序。所谓回文就是这个字符串"从前向后读"和"从后向前读"完全相同，如 rotor 是一个回文字符串。运行界面分别如图 4-19 和图 4-20 所示。

第4章　流程控制

图 4-19　"rotor"是回文字符串

图 4-20　"Hellow"不是回文字符串

操作步骤（主要源程序）

实验9　用 For…Next 双层嵌套循环降序排序数据

操作任务　编写一个程序，随机产生 5 个 1～1 000 之间的不同整数，然后按降序进行排序。运行界面如图 4-21 所示。

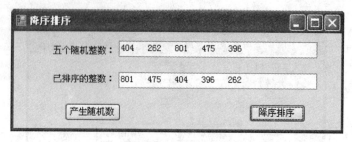

图 4-21 降序排序

操作步骤（主要源程序）

习 题

一、选择题

1. VB.NET 提供了结构化程序设计的 3 种基本结构，分别是（　　）。
   A．递归结构、选择结构、循环结构　　　B．选择结构、过程结构、顺序结构
   C．过程结构、输入输出结构、转向结构　D．选择结构、循环结构、顺序结构
2. 按照结构化程序设计的要求，下面（　　）语句是非结构化程序设计语句。
   A．If 语句　　　　　　　　　　　　　　B．For 语句
   C．GoTo 语句　　　　　　　　　　　　D．Select Case 语句
3. 下面程序段运行后，显示的结果是（　　）。

```
Dim x As Integer
If x Then
TextBox1.Text=x
Else
TextBox1.Text=x+1
End IF
```

A．1   B．0   C．-1   D．显示出错信息

4. 对于语句"if x=1 Then y=1",下列说法正确的是(　　)。
   A．"x=1"和"y=1"均为赋值语句
   B．"x=1"和"y=1"均为关系表达式
   C．"x=1"为关系表达式,"y=1"为赋值语句
   D．"x=1"为赋值语句,"y=1"为关系表达式

5. 用 If 语句表示分段函数：

$$f(x) = \begin{cases} \sqrt{x+1}, & x \geqslant 1, \\ x^2+3, & x < 1, \end{cases}$$

   下面不正确的程序段是(　　)。

   A.
   ```
   If x>=1 Then f=Math.Sqrt(x+1)
   f=x*x+3
   ```

   B.
   ```
   If x>=1 Then f=Math.Sqrt(x+1)
   If x<1 Then f=x*x+3
   ```

   C.
   ```
   f=x*x+3
   If x>=1 Then f=Math.Sqrt(x+1)
   ```

   D.
   ```
   If x<1 Then f=x*x+3
   Else f=Math.Sqrt(x+1)
   ```

6. 计算分段函数值：

$$y = \begin{cases} 0, & x < 0, \\ 1, & 0 \leqslant x < 1, \\ 2, & 1 \leqslant x < 2, \\ 3, & x \geqslant 2, \end{cases}$$

   下面程序段中正确的是(　　)。

   A.
   ```
   If x<0 Then y=0
   If x<1 Then y=1
   If x<2 Then y=2
   If x>=2 Then y=3
   ```

   B.
   ```
   If x>=2 Then y=3
   If x>1 Then y=2
   If x>0 Then y=1
   If x<0 Then y=0
   ```

C.
```
If x<0 Then
    y=0
ElseIf x>0 Then
    y=1
ElseIf x>1 Then
    y=2
Else
    y=3
End If
```

D.
```
If x>=2 Then
    y=3
ElseIf x>=1 Then
    y=2
ElseIf x>=0 Then
    y=1
Else
    y=0
End If
```

7. 下面程序段显示的结果是(　　)。

```
Dim x As Integer
x=Int(Rnd()+5)
Select Case x
Case 5
    TextBox1.Text="优秀"
Case 4
    TextBox1.Text="良好"
Case 3
    TextBox1.Text="通过"
Case Else
    TextBox1.Text="不通过"
End Select
```

A. 优秀　　　　　B. 良好　　　　　C. 通过　　　　　D. 不通过

8. 下面 If 语句统计满足性别(sex)为男、职称(duty)为副教授以上、年龄(age)小于 40 岁条件的人数,正确的语句是(　　)。

A. If sex="男"And age<40 And InStr(duty,"教授")>0 Then n=n+1

B. If sex="男"And age<40 And duty="教授"Or duty="副教授"Then n=n+1

C. If sex="男"And age<40 And Right(duty,2)="教授"Then n=n+1

D. If sex="男"And age<40 And duty="教授"And duty="副教授"Then n=n+1

9. 下面程序段求两个数中的大数,(　　)不正确。

A. Maxl=IIf(x>y,x,y)

B. If x>y Then Maxl=x Else Maxl=y

C. Maxl=Math.Max(x,y)

D. If y>=x Then Maxl=y
   Maxl=x

10. 下面3个程序段计算学生的外语附加分：外语6级(lang6)为"优秀"加15分，"通过"加10分；外语4(lang4)为"优秀"加8分，"通过"加4分。外语附加分只能计一次最高的分数。(　　)能正确计算。

A.
```
If lang6="优秀"Then
    langf=15
ElseIf lang6="合格"Then
    langf=10
ElseIf lang4="优秀"Then
    langf=8
ElseIf lang4="合格"Then
    langf=4
end if
```

B.
```
If lang4="合格"Then
    langf=4
ElseIf lang4="优秀"Then
    lansf=8
ElseIf lang6="合格"Then
    langf=10
Else Iflang6="优秀"Then
    langf=15
end if
```

C.
```
If lang6="优秀"Then langf=15
If lang6="合格"Then langf=10
If lang4="优秀"Then langf=8
If lang4="合格"Then langf=4
langf=0
```

D.
```
If lang4="合格"Then langf=4
If lang4="优秀"Then langf=8
If lang6="合格"Then langf=10
If lang6="优秀"Then langf=15
Else langf=0
```

11. 以下(　　)是正确的For…Exit结构。

A.
```
For x=1 to Step 10
...
Next x
```

B.
```
For x=3 to -3 step -3
...
Next x
```

C.

```
For x=1 to 10
Re: …
Next x
  If i=10 Then GoTo re
```

D.

```
For x=3 to 10 Step 3
…
Next y
```

12. 下面程序段的运行结果为(　　)。

```
Dim i,j As Integer
Label1.Text = ""
For i = 3 To 1 Step -1
      Label1.Text &= Space(5 - i)
      For j = 1 To 2 * i - 1
            Label1.Text &= "*"
      Next
      Label1.Text &= vbCrLf
Next
```

A.
```
        *
     *  *  *
  *  *  *  *  *
```

B.
```
  *  *  *  *  *
     *  *  *
        *
```

C.
```
*  *  *  *  *
*  *  *
*
```

D.
```
*  *  *  *  *
      *  *  *
            *
```

13. 下列程序段不能分别正确显示 1!,2!,3!,4! 值的是(　　)。

A.

```
Dim i,j,n As Integer
For i = 1 To 4
      n = 1
      For j = 1 To i
            n = n * j
      Next
      TextBox1.Text &= "      " & n
Next
```

B.

```
Dim i,j,n As Integer
For i = 1 To 4
```

```
        For j = 1 To i
        n = 1
            n = n * j
        Next
        TextBox1.Text &= "    " & n
    Next
```

C.

```
    Dim i,j,n As Integer
n = 1
For j = 1 To 4
    n = n * j
Next
TextBox1.Text &= "    " & n
```

D.

```
Dim i,j,n As Integer
n = 1
j = 1
Do While j <= 4
    n = n * j
    TextBox1.Text &= "    " & n
    j = j + 1
Loop
```

二、填空题

1. 当 C 字符串变量中第 3 个字符是"C"时，利用 TextBox1 显示"Yes"，否则显示"No"。

   ```
   If _____ Then TextBox1.Text="Yes"  Else  TextBox1.Text="No"
   ```

2. 下面程序运行后输出的结果是_____。

   ```
   x=Int(Rnd()+3)
   If x^2>8 Then y=x^2+1
   If x^2=9 Then y=x^2-2
   If x^2<8 Then y=x^3
   TextBox1.Text=y
   ```

3. 输入若干字符，统计有多少个元音字母(A,E,I,O,U)？有多少个其他字母？显示结果可大、小写不区分。其中 CountY 中放元音字母个数，CountC 中放其他字符数。

```
Private Sub Button1_Click(...) Handles Button1.Click
Dim i,CountY,CountC as integer
Dim c   As Char
For i = 1 To TextBox1.Text.Length
    c=_____
If"A"<=c And c<="Z"Then
   Select Case   c
Case _____
      CountY=CountY+1
Case Else
      CountC=CountC+1
End Select
End If
   Next
TextBox2.Text="元音字母有"& CountY &"个"
TextBox3.Text="其他字母有"& _____ &"个"
End Sub
```

4. 利用 If 语句和 Select Case 语句两种方法计算分段函数:

$$y = \begin{cases} x^2+3x+2, & \text{当 } x>20, \\ \sqrt{3x}-2, & \text{当 } 10 \leqslant x \leqslant 20, \\ \frac{1}{2}+|x|, & \text{当 } x<10. \end{cases}$$

```
Sub Button1_click(......)Handles......
Dim x,y as single
x=Val(TextBox1.Text)
    x=Val(TextBox1.Text)
If _____ Then
    y=x*x+3*x+2
ElseIf _____ Then
    y=1/2+Math.Abs(x)
    Else
    y=Math.Sqrt(3*x)-2
    End If
TextBox2.Text="y="& y
End Sub
```

```
Sub Button1_click(......)Handles......
  Dim x,y as single

  Select Case x
Case _____
    y=x*x+3*x+2
Case _____
    y=1/2+Math.Abs(x)
Case Else
    y=Math.Sqrt(3*x)-2
End Select
    TextBox2.Text"y="& y
End Sub
```

5. 输入三角形 3 条边 a,b,c 的值,根据其数值判断能否构成三角形。若能构成三角形,则要显示出三角形的性质:等边三角形、等腰三角形、直角三角形、其他三角形。

```
Private Sub Button1_Click(……(省略参数)) Handles Button1.Click
    Dim x,y,z As integer
    x=Val(TextBox1.Text)
    y=Val(TextBox2.Text)
    z=Val(TextBox3.Text)
    If _____ Then
        TextBox4.Text="能构成三角形"
    If _____ Then
TextBox4.Text="是等边三角形"
ElseIf _____ Then
  TextBox4.Text"是等腰三角形"
    ElseIf Math.Sqrt(x*x+y*y)=z Or Math.Sqrt(y*y+z*z)=x _
    Or Math.Sqrt(x*x + z*z)=y Then
        TextBox4.Text="是直角三角形"
    Else
    MessageBox.Show("是其他三角形")
        End If
    Else
        TextBox4.Text="不能构成三角形"
    End If
End Sub
```

6. 判断某年是否为闰年,并显示信息。判断闰年的条件如下:年份能被 4 整除但不能被 100 整除,或者能被 400 整除。可以用两种方法进行判断:(1)自行编程判断;(2)用日期型变量的 IsLeapYear 函数来判断。请填空。

```
Private Sub Button1_Click(……(省略参数)) Handles Button1.Click
    Dim d As Date
    d=Now
    If _____ Or d.year Mod 400=0 Then
        TextBox1.Text =d.Year &"是闰年"
    Else
        TextBox1.Text =d.Year&"是平年"
    End If
End Sub
```

```
Sub Button2_Click(……)Handles Button2.Click
    Dim d As Date
    d=Now                                    '系统日期
    If d.IsLeapYear(_____)Then
        TextBox1.Text =d.Year&"是闰年"
    Else
        TextBox1.Text =d.Year& "是平年"
    End If
End Sub
```

7. 要使下列 For 语句循环执行 20 次，请填入循环变量的初值。

```
For k=_____   To -5   Step   -2
    ……
Next
```

第 5 章　数组

通过本章您将学会：

- 数组的概念
- 数组的特点
- 数组在内存中的存储情况
- 一维数组的定义、初始化
- 一维数组元素的引用
- 二维数组的定义、初始化
- 随机数初始化及生成

数组的概念

大家都清楚用户要存放一个数据,需要定义一个变量,但若在程序中使用很多个同类数据,使用变量将极不方便。如学期期末考试完毕需要编写程序来处理学生某门课的成绩,假设全年级有500人,若用变量来存放学生的成绩,会发生什么呢?

在所有程序设计语言中数组都是一个非常重要的概念,数组的作用是允许程序员用同一个名称来引用多个变量,因此采用数组索引来区分这些变量。很多情况下利用数组索引来设置一个循环,这样就可以高效地处理复杂的情况,可以缩短或者简化程序的代码。

数组是具有一定顺序关系的变量的集合体,组成数组的变量称为数组的元素,它们在内存中连续存放。同一数组的各元素具有相同的数据类型。数组必须先声明后使用。

数组中的第一个元素的下标称为下界,最后一个元素的下标称为上界,其余的元素连续地分布在上下界之间,并且数组在内存中也是用连续的区域来存储的。

VB.NET 2005中把数组当作一个对象来处理,这就意味着数组类型是单个引用类型,数组变量包含指向构成数组元素、数组维数和数组长度等数据的指针,数组之间互相赋值其实只是在相互复制指针,而且数组继承了System名字空间的Array类。

 一维数组的定义和使用

VB.NET 2005中的数组有两种类型:定长数组和动态数组。这里先介绍定长数组的几种不同的声明方式,不同的声明方法将导致数组不同的有效范围。

1. 一维数组的定义与分配

[格式]:Declare 数组名(下标上限) As 数据类型符

其中,Declare可以是Dim,Static,Public,Private;

"下标上限"指数组的下标上界,在VB.NET 2005中规定数组的下标下限为0,且不可改变,所以整个数组的大小为"下标上限+1"。

例

Dim a(9) As Integer '定义了一个数组a,该数组的数据类型是integer,具有10个元素。第一个元素为a(0),最后一个元素为a(9)

Dim语句在模块段建立模块级数组。

例

Dim arrayl(3)As Integer

Public 语句在模块的声明部分建立一个公共数组。
例

Public counttype(20)as string

Static 语句声明一个过程内的局部数组(关于过程内容第 7 章会讲到)。
例

Public Sub Ipaddress()
　　Static server(30)as string
End Sub

2. 定义数组时对数组元素进行初始化

[格式]:Declare 数组名() As 数据类型符 ={初值列表}
例

Dim Month() As Short = {1,2,3,4}

注意　此时不能显示声明数组的大小,数组的大小应由赋值的个数决定。上条语句等价于下述语句:

Dim　Month(3) As Short
Month(0)=1
Month(1)=2
Month(2)=3
Month(3)=4

VB. NET 2005 还提供了新的数组初始化语法,只需要简单的语句就可以完成数组的声明和初始化。
例

Dim arrayl As Integer()={2,4,8}

在 VB. NET 2005 中,为了和其他语言更加易于协同操作,数组的下标均设定为 0,不允许声明一个下界为 1 的数组,而且在声明一个数组时必须用它的元素个数,而不是它的上界来初始化。

例

```
                              '声明一个一维数组具有 3 个元素,下标从 0～2
Dim array1(3) As Integer
array1(0)=2
array1(1)=4
array1(2)=8
```

以上声明的数组有 3 个元素,下标从 0 到 2,如果代码企图访问下标为 3 的数组元素,运行结果为 0。

3. 一维数组元素的引用

引用一维数组元素的一般形式如下:

数组名(下标)

例

```
array1(2)=8
```

 二维数组及多维数组

除了较为简单的一维数组外,VB.NET 2005 还支持多维数组,其声明方法和一维数组没有太大的区别。

例

```
Static multidim(9,9)as double
```

以上语句声明了一个 10 行、10 列的二维数组。在 VB.NET 2005 中,数组大小的限制是不一样的,这与所采用的操作系统以及计算机中使用的内存量有关。需要提醒注意的是,VB.NET 2005 中定义数组时只指定数组下标的上界,数组下标的下界为 0,而且不能改变。所以,数组中第一个元素的下标是 0,最后一个元素的下标是上界值,一个数组共有(上界值+1)个元素。当为数组继续添加维数,使其扩展为多维数组,此时会使数组所需的存储空间大幅度增加,所以在使用多维数组时对这个方面也要多加考虑。另外 VB.NET 2005 还提供了 Ubound()和 Lbound()两个函数来返回数组的上、下界。对于一维数组,只需要一个参数,那便是数组名;对于多维数组,也只是简单地将逗号后面的第二个参数指定为数组的第几维。

1. 二维数组的定义

[格式]:Declare 数组名(下标 1 上限,下标 2 上限) As 数据类型符

2. 二维数组的赋初值

[格式]:Dim 数组名(,) As 数据类型符={{第 1 行初值},{第 2 行初值},…,{第 n 行初值}}

例　Dim arr(,) As Short ＝{ {1,2,3},{4,5,6} }

则有　　arr(0,0)＝1,arr(0,1)＝2,arr(0,2)＝3,arr(1,0)＝4,arr(1,1)＝5,arr(1,2)＝6

3. 二维数组元素引用

数组名(下标1,下标2)

动态数组。

有时在程序运行之前无法确认数组的大小,VB. NET 2005 提供了在程序运行时动态决定数组大小的功能,即动态数组。它具有灵活多变的特点,可以在任何时候根据需要随时改变数组的大小,有助于内存的管理。建立一个动态数组的详细步骤如下:

(1) 与声明一般数组相似,只是赋一个空维数组,这样就将数组声明为动态数组。典型的声明语句如下:

Dim types( ) As integer

(2) 然后使用 ReDim 语句来配置数组大小。ReDim 语句声明只能在过程当中使用,它是可执行语句,可以改变数组中元素的个数,但是却不可以改变数组的维数,就是说不能把一维变为二维。在 ReDim 语句配置数组元素个数时,数组中的内容将全部置为 0。典型语句如下:

ReDim Types(X＋1)

(3) 如果想改变数组大小又不想丢失原来的数据,只要在 ReDim 语句中包含 Preserve 关键字就可以,典型语句如下:

ReDim Preserve Types(10,23)

对于多维数组,在使用 Preserve 关键字时,只能修改最后一维的大小。如果改变其他维,那么将出现运行错误。

 数组的使用

在 VB. NET 2005 中可以使用 For 循环和数组长度来遍历一个数组。

例

```
Dim i As Integer
    For i＝0 To （array1. Length-1）
    Console. WriteLine(array1(i))
Next i
```

在使用数组时还要注意,不仅声明语法有变化,而且在运行时处理方式也有了很大的变化。VB.NET 2005 中给数组分配地址空间,当用方法传递数组类型的参数时,使用的是引用传递而不是值传递。

For Each…Next 语句的语法格式如下:

```
[格式]: For Each 变量名 In 数组或对象集合
            <循环体>
        Next 变量名
```

For Each…Next 循环针对数组或集合中的每个元素重复执行循环体,只要数组或集合中至少有一个元素就进入循环。进入循环后,程序依次对集合中的每一个元素都执行一次循环体,然后结束循环。变量名表示数组或集合中的每一个元素。

例

```
Dim arr(2,3), sum, t As Single
sum=0
For Each t In arr
    sum+=t
Next t
```

 数组的高级特性(此部分内容学员只作了解)

1. 数组的数组(数组嵌套)

在数组中还可以组装不同类型的数组。

例 以下代码先建立两个数组,一个是 Integer 类型,另一个是 String 类型,然后再声明一个 object 的数组,把前两个数组分装在其中。

```
Dim I as integer
                                    '声明一个 Integer 类型的数组
Dim grade(15)as integer
For i=0 to 14
    grade(i)=i
NeXt i
                                    '声明一个 String 类型的数组
Dim name(15)as String
For i=0 to 14
    Name(i)="Student"&cstr(i)
Next i
                                    '声明一个新的数组为 object,用来组装其他数组
```

```
Dim Student(2) as object
Student(0)=grade
Student(1)=name
 MessageBox. Show(student(0)(2))         '显示"2"
```

2. 数组和集合

虽然集合通常用于操作对象,但是它也能操作数据类型。在某些条件下,其效率比数组还要高。可以通过以下 4 个方面来进行比较:

(1) 集合可以根据需要进行扩充,不像数组那样需预先规定大小;

(2) 数组只能保存声明时所定义的数据类型,但是同一个集合中可以存储不同类型的数据;

(3) 集合元素的修改较为麻烦,不像数组那么方便;

(4) 处理集合的速度较数组慢,但是在处理较小的动态条目集,使用集合是最为理想的选择。

 LBound( )函数和 UBound( )函数

1. LBound( )函数

求数组某维下界函数时使用 LBound 函数。

[格式]:LBound(数组名[,维数])

2. UBound( )函数

求数组某维上界函数时使用 UBound 函数。

[格式]:UBound(数组名[,维数])

助 学

任务 1　一维数组简单应用

操作任务　学期期末考试完毕,需要编写一个程序来处理某学习兴趣小组的 VB. NET 2005 课程平均成绩,假设学习兴趣小组共有 10 人。程序设计界面如图 5-1 所示,运行界面如图 5-2 所示。(要求分别用数组和变量来存放学生的成绩。)

图 5-1 初始界面

图 5-2 求平均成绩

操作方案　在前面的学习过程中,用户要存放一个数据,需要声明一个变量,这种方法只适合程序中使用很少数据的情况。本任务要用到 10 个数据,如果用变量来存放学生的成绩,需要定义 10 个变量来存放,然后把这 10 个数据相加,再求平均值,这样程序就显得不够简洁,而且非常不灵活。而且当程序中处理的数据个数更多时,用变量来存放几乎不大可能。本任务处理的多个数据具有相同类型,可以使用 VB.NET 2005 提供的一维数组来存放。由于数组元素是通过下标相互区分的,因此可以通过循环来处理这些数据,这样既简洁又方便。

操作步骤

1. 按图 5-1 所示在项目窗体上添加控件(任务控件省略),并把其相应属性设置好。
2. 在控件相应事件下面添加代码,程序代码如下:

[任务代码一](方法一:用一维数组存放学生成绩)

```
Private Sub Button1_Click(……(省略参数)) Handles Button1.Click
                                           '用一维数组来存放学生成绩
        Dim i As Integer, cj() As Integer = {69,88,75,68,53,99,85,79,82,73}
        Dim aver As Single = 0             '用来存放成绩累加和及平均值
        For i = 0 To 9 Step 1              '用循环来求成绩累加和
            aver = aver + cj(i)
        Next
        aver /= 10                         '求十个学生的平均成绩
        Me.TextBox1.Text = CStr(aver)      '显示兴趣小组平均成绩
End Sub
Private Sub Button2_Click(……(省略参数)) Handles Button2.Click
        Me.Close()
End Sub
```

[任务代码二](方法二:用变量存放学生成绩)

```
Private Sub Button1_Click(……(省略参数)) Handles Button1.Click
        Dim a1 As Integer = 69, a2 As Integer = 88, a3 As Integer = 75
        Dim a4 As Integer = 68, a5 As Integer = 53, a6 As Integer = 99
```

```
        Dim a7 As Integer = 85, a8 As Integer = 79, a9 As Integer = 82
        Dim a10 As Integer = 73
        Dim aver As Single = 0
        aver = (a1 + a2 + a3 + a4 + a5 + a6 + a7 + a8 + a9 + a10) / 10
        Me.TextBox1.Text = CStr(aver)
    End Sub
Private Sub Button2_Click(……(省略参数)) Handles Button2.Click
        Me.Close()
End Sub
```

3. 思考:分析上面两种方法中哪种更为方便?

任务2　一维数组处理数字中的极值(最大值或最小值)

操作任务　编写一个程序,用来随机产生 8 个两位整数,并求出其中的最小数及其位置。程序设计界面如图 5-3 所示,程序运行时单击【产生随机数】按钮,将产生 8 个两位数并显示在第一个文本框中,单击【求最小数】按钮将从中找出最小数及其下标,并分别显示在第 2 个和第 3 个文本框中,程序运行界面如图 5-4 所示。

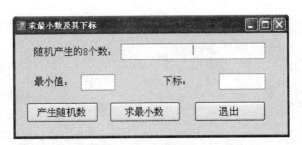

图 5-3　初始界面

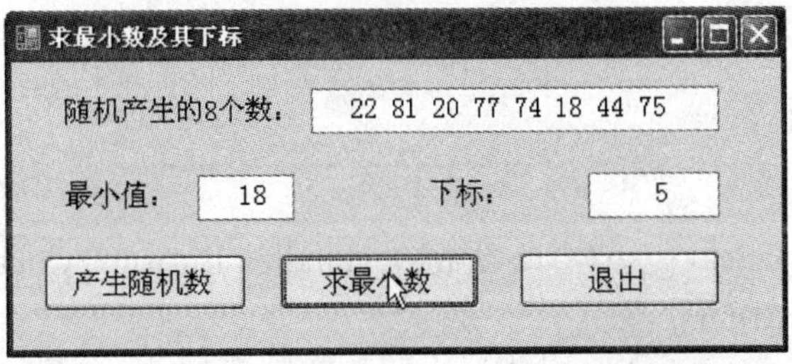

图 5-4　求最小数及下标

操作方案　用一个数组来存放一批随机产生的数,再设置两个变量,一个用来存放最小数,一个用来存放最小数的位置(即下标)。首先认为数组中第一个数最小,记下它的值和位置;然后用记下的最小数和后面的数比较,如果后面的数小,则用存放最小数的变量存放该数,用存放最小数位置的变量存放该数的位置;然后再用存放最小数的变量和后面的数比较……直到数组中所有数都比较完毕,存放最小数变量中的值即是最小数,存放最小数下标的变量中的值即是最小数的位置。

操作步骤

1. 按表 5-1 所示在项目窗体上添加控件(标签控件省略),并把其相应属性设置好。

表 5-1 控件属性

对象名	属性名	属性值	说明
Form1	Text	"求最小数及其下标"	窗体标题栏上的内容
TextBox1	Text	""	显示产生的两位随机数
TextBox2	Text	""	显示最小数
TextBox3	Text	""	显示最小数位置(下标)
Button1	Text	"产生随机数"	单击产生随机数
Button2	Text	"求最小数"	单击找出最小数及下标
Button3	Text	"退出"	单击退出程序

2. 在控件相应事件下面添加代码,程序代码如下:

[任务代码一](方法一)

```
Dim a(7) As Integer                                  '定义一个由 8 个元素组成的数组,用来存放随
                                                      机产生的数
Private Sub Button1_Click(……(省略参数)) Handles Button1.Click
    Dim i As Integer
    Randomize()                                      '随机数初始化
    TextBox1.Text = ""
    For i = 0 To 7                                   '该循环产生个数并显示在第一个文本框中
        a(i) = Int(90 * Rnd() + 10)                  '数组元素的初始化
        TextBox1.Text += CStr(a(i)) + " "
                                                     '显示随机产生的数,随机数之间用空格隔开
    Next i
End Sub
Private Sub Button2_Click(……(省略参数)) Handles Button2.Click
    Dim i As Integer
    Dim min, min_i As Integer                        '分别用来存放最小值及最小值的下标
    min = a(0)                                       '首先认为第一个元素最小
    min_i = 0
```

```
            For i = 1 To 7                              '该循环找最小数及其下标
                If min > a(i) Then                      '如果后面的元素值小
                    min = a(i)                          '存放该元素的值
                    min_i = i                           '存放该元素的下标
                End If
            Next i
            TextBox2.Text = CStr(min)                   '显示最小值
            TextBox3.Text = CStr(min_i)                 '显示最小值的下标
End Sub
Private Sub Button3_Click(……(省略参数)) Handles Button3.Click
            End
End Sub
```

[任务代码二](方法二)

```
Private a(7) As Integer
Private Sub Button1_Click(……(省略参数)) Handles Button1.Click
        Dim b As New System.Random
        Dim i As Integer
        TextBox1.Text = ""
        TextBox2.Text = ""
        TextBox3.Text = ""
        For i = 0 To 7
            a(i) = b.Next(10,100)
            TextBox1.Text = TextBox1.Text + CStr(a(i)) + " "
        Next
    End Sub
Private Sub Button2_Click(……(省略参数)) Handles Button2.Click
        Dim b(7) As Integer
        Dim i, x As Integer
        For i = 0 To 7
            b(i) = a(i)
        Next
        For i = 1 To 7
            If b(0) > b(i) Then
                b(0) = b(i)
            End If
        Next
                                                '这时b(0)就是最小数
                                                '查找下标
```

```
        For i = 0 To 7
            If b(0) = a(i) Then
                x = i
                Exit For
            End If
        Next
        TextBox2.Text = CStr(b(x))
        TextBox3.Text = CStr(x)
    End Sub
Private Sub Button3_Click(……(省略参数)) Handles Button3.Click
        End
    End Sub
```

任务3 一维数组处理反序输出

操作任务 编写一个程序,生成 10 个两位随机整数,存入到一维数组,再按反序存放后输出。程序的设计界面如图 5-5 所示,程序运行时单击[生成一维数组]按钮,产生 10 个两位随机整数组成的数组,并显示在第一个文本框中。单击[反序存放]按钮将把数组中的元素反序存放,并显示在第 2 个文本框中,如图 5-6 所示。

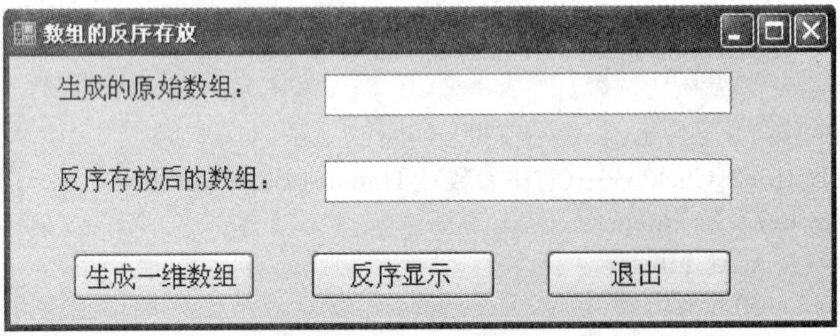

图 5-5 初始界面

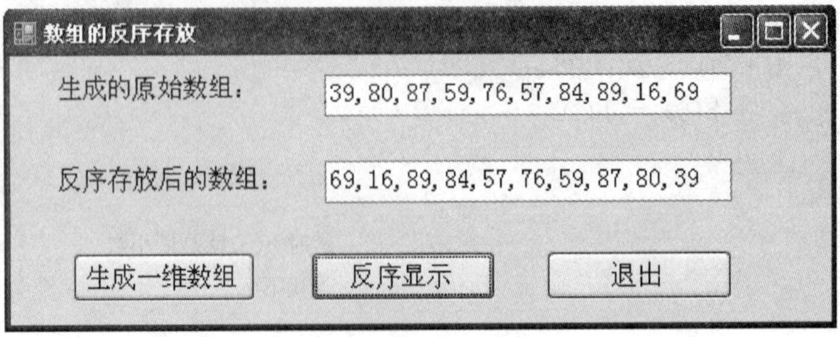

图 5-6 数组的反序存放

第 5 章 数组

操作方案

此任务的关键在于如何反序存放数组元素问题,可以通过以下方法实现:首先用两个变量(I1 和 I2)分别存放第一个元素和最后一个元素的下标,然后交换 I1 和 I2 作为下标的数组元素值,再把 I1 的值加 1,I2 的值减 1,交换以 I1 和 I2 作为下标的数组元素的值……直到 I1 的值等于或大于 I2 的值为止。为了实现两个数组元素的值进行交换,可引入一个中间变量 temp 来达到交换的目的,交换语句如下:

temp=A(I1):A(I1)=A(I2):A(I2)=temp)

操作步骤

1. 按表 5-2 所示在项目窗体上添加控件(标签控件省略),并把其相应属性设置好。

表 5-2 控件属性

对象名	属性名	属性值	说明
Form1	Text	"数组的反序存放"	窗体标题栏上的内容
TextBox1	Text	""	显示生成的数组元素
TextBox2	Text	""	显示反序存放数组元素
Button1	Text	"生成一维数组"	单击产生数组元素
Button2	Text	"反序存放"	单击生成反序数组元素
Button3	Text	"退出"	单击退出程序

2. 在控件相应事件下面添加代码,程序代码如下:

[任务代码一](方法一)

```
Const N = 10                                '数组元素个数
Private A(N - 1) As Integer                 '定义一个数组,数组下标可以是一个表达式
Private Sub Button1_Click(……(省略参数)) Handles Button1.Click
    Dim i As Integer
    Dim b As New System.Random              '随机数生成方法
    TextBox1.Text = ""                      'TextBox1 文本框清空
    For i = 0 To N - 1                      '本循环产生 N 个随机数并显示在 TextBox1 文本框中
        A(i) = b.Next(10,100)               '产生两位随机整数,并分别赋给数组中的元素
                                            '随机数显示在文本框中,数之间用逗号隔开
        TextBox1.Text += CStr(A(i)) + ","
    Next i
                                            '删除文本框中最后一个逗号
    TextBox1.Text = Mid(TextBox1.Text, 1, Len(TextBox1.Text) - 1)
```

```
End Sub
Private Sub Button2_Click(……(省略参数)) Handles Button2.Click
    Dim I1, I2, temp, i As Integer
    I1 = 0 : I2 = N - 1        'I1 记下第一个元素的下标,I2 记下最后一个元素的下标
    While I1 < I2              '当 I1 比 I2 小时
                               '交换 I1 和 I2 作为下标的数组元素
        temp = A(I1) : A(I1) = A(I2) : A(I2) = temp
        I1 += 1 : I2 -= 1      'I1 加 1 为下一个元素的下标,I2 减 1 为前一个元素的下标
    End While
    TextBox2.Text = ""         'TextBox2 文本框清空
    For i = 0 To N - 1         '本循环把反序存放的数组显示在 TextBox2 文本框中
                               '随机数显示在文本框中,数之间用逗号隔开
        TextBox2.Text += CStr(A(i)) + ","开
    Next i
                               '删除文本框中最后一个逗号
    TextBox2.Text = Mid(TextBox2.Text, 1, Len(TextBox2.Text) - 1)
End Sub
```

[任务代码二]（方法二：用另一个数组来存放反序后的元素,然后再输出）

```
Private a(9) As Integer
Private Sub Button1_Click(……(省略参数)) Handles Button1.Click
    Dim i As Integer
    Dim b As New System.Random
    Textbox1.text = ""
    For i = 0 To 9
        a(i) = b.Next(10, 100)
        TextBox1.Text = TextBox1.Text + CStr(a(i)) + " "
    Next
End Sub
Private Sub Button2_Click(……(省略参数)) Handles Button2.Click
    Dim b(9) As Integer '定义一个数组 b(9),用来存放数组 a(9)反序后的元素
    Dim j As Integer
    Textbox2.text = ""
    For j = 0 To 9
        b(j) = a(9 - j)
        TextBox2.Text += CStr(b(j)) + " "
    Next
End Sub
```

[任务代码三]（方法三：直接反序输出，step -1）

```
Private a(9) As Integer
Private Sub Button1_Click(……(省略参数)) Handles Button1.Click
    Dim i As Integer
    Dim b As New System.Random
        Textbox1.text=""
    For i = 0 To 9
        a(i) = b.Next(10, 100)
        TextBox1.Text = TextBox1.Text + CStr(a(i)) + " "
    Next
End Sub
Private Sub Button2_Click(……(省略参数)) Handles Button2.Click
    Dim I as integer
    Textbox2.text=""
    For i = 9 To 0 step -1                '直接反序输出，step -1
        TextBox2.Text += CStr(a(i)) + " "
    Next
End Sub
```

任务4 求二维数组中的最大值

操作任务 定义1个5行4列的二维数组，随机给每个元素赋值（两位整数），求这20个数字中的最大值，界面如图5-7所示。

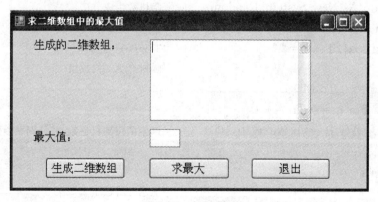

图5-7 初始界面

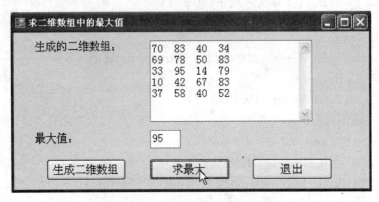

图 5-8 求二维数组中的最大值

操作方案 先随机产生 20 个数字,并赋值给对应的数组元素。二维数组遍历要使用嵌套循环(也可以使用 For Each 语句),显示二维数组同样需要遍历,还要借助于"Chr(13) & Chr(10)"。

操作步骤

1. 新建项目,在窗体中增加控件,并修改其属性。
2. 定义模块级变量和常量如下:

```
Const M = 5
Const N = 4
Private A(M - 1, N - 1) As Integer
```

3.【生成二维数组】按钮代码如下:

```
Private Sub Button1_Click(……(省略参数)) Handles Button1.Click
    Dim i, j As Integer
    Dim b As New System.Random          '随机数生成方法
    Dim Show As String
    TextBox1.Text = ""                  'TextBox1 文本框清空
                                        '随机产生二维数组
    For i = 0 To M - 1
        For j = 0 To N - 1
            A(i,j) = b.Next(10,100)     '产生两位随机整数,并分别赋给数组中的元素
        Next
    Next i
                                        '显示二维数组
    Show = ""
```

```
            For i = 0 To M - 1
                For j = 0 To N - 1
                    Show = Show & A(i,j) & "  "
                Next
                Show = Show & Chr(13) & Chr(10)
            Next
            TextBox1.Text = Show
End Sub
```

4. 【求最大】按钮代码如下：

```
Private Sub Button1_Click(……(省略参数)) Handles Button1.Click
            Dim i, j, max As Integer
                                            '求最大的值
            max = A(0,0)
            For I = 0 To M - 1
                For j = 0 To N - 1
                    If max < A(I,j) Then
                        max = A(I,j)
                    End If
                Next
            Next
            TextBox2.Text = max
End Sub
```

小　　结

本章中您学习了：

- ◆ 数组的概念
- ◆ 数组的特点
- ◆ 数组在内存中的存储情况
- ◆ 一维数组的定义及初始化
- ◆ 二维数组的定义及初始化
- ◆ 一维数组元素的引用
- ◆ 二维数组元素的引用
- ◆ 随机数的初始化及生成

自 学

实验 1　一维数组处理平均值(独立练习)

操作任务　定义一个具有 10 个元素的一维数组,给它的每一个元素赋一个随机数。然后求出该数组所有元素的平均值及比平均值小的元素个数。程序运行界面如图 5-9 所示。

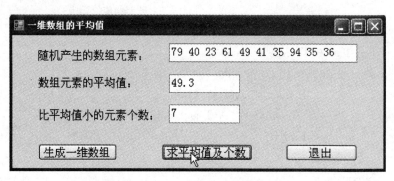

图 5-9　一维数组处理平均值

操作步骤(主要源程序)

实验 2 收视率调查

操作任务 编写一个"收视率调查"程序,程序运行后,如图 5-10 所示。单击【开始调查】按钮,连续 10 次弹出"欢迎参加栏目调查"对话框,用户输入 1~5 任意数字进行调查。完成调查后自动统计各个栏目的票数和收视率,并显示在下面的文本框中,如图 5-12 所示。

图 5-10 收视率调查初始界面

图 5-11 "欢迎参加栏目调查"对话框

图 5-12 调查结果

操作步骤(主要源程序)

```
Dim a() As String = {"相约星期六","心灵花园","超级女声","足球之夜","鲁豫有约"}
Private Sub Button1_Click(……(省略参数)) Handles Button1.Click
    Dim index, i, count, nums(4) As Integer, Show As String
    For i = 1 To 10
        index = Val(InputBox("请输入您最常收看的栏目编号(1-5)", _
            "欢迎参加栏目调查"))
```

Next
Show = "共有人参加调查,有效票数为" + CStr(count) + Chr(13) + Chr(10)
Show += "下面公布调查结果:" + Chr(13) + Chr(10) + Chr(13) + Chr(10)
For i = 0 To 4

Next
TextBox1. Text = Show
End Sub

实验 3　求二维数组平均值

操作任务　定义 1 个 5 行 5 列的二维数组,随机给每个元素赋值(两位整数),求这 25 个数字的平均值,界面分别如图 5-13 和图 5-14 所示。

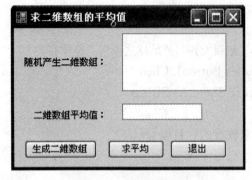

图 5-13　运行初始界面

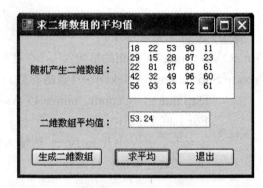

图 5-14　运行结果界面

操作步骤（主要源程序）

习 题

一、选择题

1. 下列数组定义语句正确的是(　　)。
   A. Dim A(1 to 5) as Integer
   B. Dim A() as Integer＝{1,2,3}
   C. Dim A(3) as Integer＝{1,2,3}
   D. Dim A(1 to 2) ＝{1,3}

2. "Dim a(6) As Integer"数组声明语句中,数组包含元素的个数是(　　)。
   A. 4　　　　　　　B. 5　　　　　　　C. 6　　　　　　　D. 7

3. "Dim A(2,3) as Integer"数组声明语句中,数组包含元素的个数是(　　)。
   A. 8　　　　　　　B. 12　　　　　　　C. 24　　　　　　　D. 10

4. 下列数组声明语句正确的是(　　)。
   A. Dim a[3,4] As Integer　　　　　B. Dim a(3,4) As Integer
   C. Dim a(n,n) As Integer　　　　　D. Dim a(3 4) As Integer

5. 已知:Dim A(,) as Integer＝{{1,2,3},{4,5,6},{7,8,9}},A(2,1)的值为(　　)。
   A. 4　　　　　　　B. 5　　　　　　　C. 6　　　　　　　D. 8

二、填空题

1. 已知有如下语句：
   Dim Arr(4,3) as Integer
   则该数组的第 3 个元素是_____。
2. 在 VB. NET 2005 中，数组元素的下标是从_____开始。
3. 在 VB. NET 2005 中，数组元素的数据类型应当_____。
4. 二维数组 A(2,3)中，可以使用的最大行和最大列下标分别为_____。

第 6 章 程序调试与异常处理

通过本章您将学会:

- VB. NET 2005 程序中的错误种类
- 语法错误
- 运行错误
- 逻辑错误
- VB. NET 2005 调试方法
- 结构化异常处理
- 非结构化异常处理

导 学

 程序调试和异常处理

程序设计不可能一帆风顺，其间总会发生各种各样的问题。例如，可能有键盘输入错误，也可能有程序的语法错误或者编写程序的逻辑错误等。此时就需要对程序进行调试，即找出问题并改正。VB. NET 2005 的调试器是构建在开发环境中的，提供简单、灵活的调试功能。

除此之外，在程序运行期间也可能发生这样或者那样的错误，称为运行时错误。出现运行时错误的时候，程序会发出异常，以便通过在程序内查找用于处理错误的代码来处理错误。如果未找到这样的代码，程序将停止并需要重新启动。由于上述情况可能导致数据丢失，最好在可能预见错误发生的任何地方均创建错误处理代码，这称为异常处理。

不管程序员的技术有多高，多么仔细和认真，都无法保证自己编写的程序不出现错误（称为 Bug）。有时程序本身并没有问题，而是运行环境出现了意想不到的问题。有时会因为文件被删除、磁盘驱动器没有准备，或编写程序时没有预料到的各种操作，程序无法正常运行或运行后产生错误的结果。为排除程序中的错误，一般要进行调试（称为 Debug）。运行错误有时又称异常，当发生异常时，就需要编写异常处理程序。

 编程中的错误类型

在程序设计过程中遇到的错误是多样的，这些错误大致可以分为 3 类：语法错误、运行时错误和逻辑错误。

1. 语法错误

语法错误也就是编译错误，是编写代码时出现的错误。通常是由于违反了 VB. NET 2005 语法，是最普通的错误类型。这类错误很容易在代码环境中修复。出现此类错误常见的原因有：拼错单词、关键字错误、遗漏标点符号、函数参数错误、赋值类型错误、某个结构闭合不完整（如在 For… Next 结构中忘了 Next，在 If… Else… End if 嵌套结构中少了 End If）等。

2. 运行错误

运行错误是在编译并运行代码后出现的错误。运行错误代码中并没有语法错误，在程序编辑或编译时不会被发现，它比语法错误更加隐蔽。这类错误常见的有：打开一个不存在的文件、磁盘空间不足、网络断开、运算中除数为零、输入的数据类型不匹配等。

3. 逻辑错误

逻辑错误是因为编程逻辑有问题而发生的，往往表现为程序能够运行，但不能实现要求的功能,运行结果是错误的。这类错误最隐蔽,较难被发现和排除。出现这种错误的常见原因有:设置的选择条件不合适、循环次数不当、运算符使用不正确、语句的次序不对、循环的初值或终值不正确、误输入等。

程序调试

当程序中出现了逻辑错误或运行错误而又难以解决时,就应该借助程序调试工具对程序进行调试。查找并修复错误的过程称为调试。调试是在编程时查找错误并修正错误的最好方式。

VB. NET 2005 提供很多调试程序的方法,包括控制程序的执行流程、设置断点、查看运行时变量值、启动调试、逐语句、逐过程和设置断点等方法。

1. 控制执行

调试程序时常需要控制程序的执行流程,包括开始执行、中断执行、结束执行、单步执行、执行到指定位置等,如图 6-1 所示。

图 6-1 调试菜单图

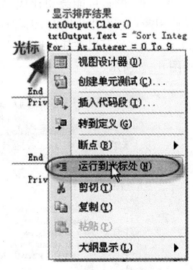
图 6-2 运行到光标处菜单

除此之外,还可以让代码执行到指定光标处,方法是在希望执行到的代码处右击,在打开的右键菜单中单击【运行到光标处】,如图 6-2 所示。

2. 启动调试

启动调试是运行一遍程序,根据不同的输入条件,查看各种运行结果,或者在运行过程中查看数据的变化。执行启动调试,只要单击"调试"菜单中的"启动"命令或者单击工具栏按钮【启动调试】,也可以按[F5]键。

3. 逐语句\逐过程

逐语句\逐过程操作是按照程序执行的流程，逐条语句运行，逐个过程执行，此外过程是代码段(如 For 语句)，运行一条语句后跳到代码编辑区，并用黄色表示运行的代码行，鼠标移到此处可以查看代码行中包含的结果。按[F8]继续运行下条语句，按[F5]可以跳出逐语句调试到调试。执行逐语句\逐过程操作，可以单击"调试"菜单中的"逐语句"或者单击"调试"菜单中的"逐过程"。

4. 设置断点

断点是程序中做了标记的位置，通过断点可使程序进入中断模式，在需要中断处自动停止运行。断点通常安排在程序代码中能够反映程序执行状况的位置，例如可在循环体中设置断点，以便了解每次循环时各变量的值。设置断点时，只要单击代码窗口和工具箱之间的分界边框，出现红色圆点，代码行也变成以红色为背景的行。设置断点以后，用"启动调试"来调试程序，当输入条件运行到设置了断点的代码行时，程序跳到代码编辑器窗口，代码行变成黄色，鼠标移上去可以看到代码行上对应的值，根据程序运行中的数据从而判断程序是否正确。如果要取消已设置的断点，只要单击断点代码行边框中的圆点标记，圆点即消失，从而取消了该断点。

在调试一大段程序时，可能会想让代码运行到某一处，然后停下来检查是否是预期的结果，这时就要使用断点。发生中断时，则称程序和调试器处于中断模式。可以让代码在任何定义断点的地方停止，并且可以在任何地方设置断点。注意在设置断点的那行之前就会停止代码的执行，如图6-3所示。

图6-3 断点设置图

5. 即时窗口

当通过断点和单步执行发现某些代码可能存在问题而要试图修改时,可能并没有很明确的方法来修复错误,而是需要多次尝试。这时我们希望可以在不改变实际代码的情况下测试可能的修复以及代码修改后带来的结果,即时窗口可以帮助我们完成这样的功能。在中断模式下,即时窗口可以用于查看变量或者表达式的值或者运行代码段。即时窗口最有用的地方在于,它可以在设计阶段执行代码,并得到代码的执行结果。特别在试图修改代码时,可以直接在即时窗口运行修改后的代码,以查看结果是否正确。

 结构化异常处理

结构化异常处理的格式如下:

Try…(会产生错误的程序块)Catch…(产生错误后执行的语句)Finally…(不管有没有错误都要被执行的语句)End Try。

其中 Finally 语句块是可选的。程序首先进入 Try…Catch…Finally 块中 Try 语句后面的语句块,如果完成此块而没有产生异常,则将程序转到结尾处可选的 Finally 语句。如果提供了 Finally 语句,则执行 Finally 后面的语句块。最后,在任何情况下,都将控制转移到 End Try 语句后面的语句。如果发生异常,则按照 Catch 语句在 Try…Catch…Finally 内出现的顺序检查这些异常。如果发现处理异常的 Catch 语句,则执行相应的语句块,执行完 Catch 块后,如果存在 Finally 块,则执行该块。然后继续执行 End Try 语句后面的语句。

Try…Catch…Finally 语句语法如下:

```
Try
    程序语句              '即执行时可能产生错误的程序代码
Catch  变量名称  As  异常类型
    错误处理程序语句      '当发生的错误符合"异常类型"时执行的代码
[Exit  Try]
Finally               '可以有多个 Catch,Finally 接在最后一个 Catch 之后,也可省略
    程序语句              '必须执行的代码,不论错误是否发生,通常用来释放资源
End  Try
```

1. 常用异常类

在 VB.NET 中提供了一些常用的异常类,可以用来捕捉常见的异常情况,以便我们处理这些异常,如表 6-1 所示。

表 6-1 常用异常类

类别	说明
ArgumentOutOfRangeException	当自变量值超出调用方法所规定的范围时产生的错误

续表

类别	说明
DivideByZeroException	除数为 0 时产生的错误
Exception	程序运行时期产生的错误，可以捕捉所有的异常，它是所有其他异常类的基类
IndexOutOfRangeException	索引值超出数组允许的范围
InvalidCastException	类型转换产生的错误，如将字母转换为数值
OverFlowException	溢出时产生的错误

2. 常用异常类的方法和属性

通过如表 6-2 所示的属性和方法，可以了解发生异常的原因信息。

表 6-2 常用异常类的方法和属性

属性或方法	说明
GetType 方法	取得当前异常对象的类型
ToString 方法	取得当前异常情况的文本说明
InnerException 属性	用来取得造成当前异常的异常对象
Message 属性	取得异常的描述消息
Source 属性	异常发生的来源对象
StackTrace 属性	取得发生异常的函数
TargetSite 属性	取得抛出（throw）当前异常情况的方法

3. 非结构化异常处理

非结构化异常处理通过 On Error GoTo 和 Resume 两种语句来实现，非结构化异常处理是 VB 6.0 之前的处理方法，效率较低，属于淘汰技术，故本书不再赘述。

助 学

任务 1　输入格式异常和其他异常处理

操作任务　编写一个程序，求出文本框中输入的整数各位数之和，要求程序能够处理输入整数格式不正确时的异常和其他异常。程序设计界面如图 6-4 所示,运行后界面分别如图 6-5 和图 6-6 所示。

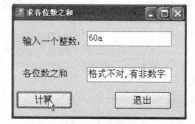

图 6-4 初始界面　　　　图 6-5 整数格式不对　　　　图 6-6 超过范围

操作方案　本任务的关键是如何求出输入整数的各位数,可以采用除以 10 求余法,即"模 10 法",所得的余数就是该整数某位上的数字,然后再把商整除 10,得到一个新的商,再用此商数 mod 10,如此循环下去,直到商为 0,从而求出该整数各位数之和。另外,也可采用截取函数 Mid(a, i, 1)来获得该整数的各位数,然后再对各位数求和。

操作步骤

1. 按表 6-3 所示,在项目窗体上添加控件(标签控件省略),并把其相应属性设置好。

表 6-3 控件属性

对象名	属性名	属性值	说明
Form1	Text	"求各位数之和"	窗体标题中显示
Label1	Text	"输入一个整数:"	显示内容
Label2	Text	"各位数之和:"	显示内容
Textbox1	Text	""	显示输入的整数
Textbox2	Text	""	显示各位数之和
Button1	Text	"计算"	计算各位数之和
Button2	Text	"退出"	退出应用程序

2. 在控件相应事件下面添加代码,程序代码如下:
[任务代码一](方法一:用结构化异常处理)

```
Private Sub Button1_Click(……(省略参数)) Handles Button1.Click
        Dim a As Long
        Dim sum, t As Integer
        Try
            sum = 0                                            '用来存放各位数之和
```

```vb
            a = Convert.ToInt32(Me.TextBox1.Text)           '获得输入的整数
            Do While a <> 0
                t = a Mod 10                                 '求余数,获得各位数
                sum += t                                     '把获得的各位数相加
                a = a \ 10                                   '获得新的商数
            Loop
            Me.TextBox2.Text = CStr(sum)
        Catch ex As System.FormatException
            Me.TextBox2.Text = "格式不对,有非数字"           '处理格式不对异常
        Catch ex As Exception
            Me.TextBox2.Text = "其他错误"                    '处理其他异常
        End Try
End Sub
```

[任务代码二](方法二:用 If 语句处理)

```vb
Private Sub Button1_Click(……(省略参数)) Handles Button1.Click
        Dim a, t As String
        Dim i, sum As Integer
        sum = 0
        a = Me.TextBox1.Text
        For i = 1 To Len(a)
            t = Mid(a, i, 1)
            If t >= "0" And t <= "9" Then
                sum += Val(t)
            ElseIf (t >= "a" And t <= "z") Or (t >= "A" And t <= "Z") Then
                Me.TextBox2.Text = "格式不正确,有非数字"
                Exit Sub
            Else
                Me.TextBox2.Text = "有其他异常"
                Exit Sub
            End If
        Next
        Me.TextBox2.Text = CStr(sum)
End Sub
```

任务 2　演示语法错误、运行错误、逻辑错误、结构化异常和非结构化异常

操作任务　编写一个程序,在一个窗体中将语法错误、运行错误、逻辑错误、结构化异常和非结构化异常演示出来,程序设计界面如图 6-7 所示。

操作方案　代码输入结束后,单击【语法错误】按钮,系统给出提示信息"名称'ste'未声明",同时在错误的代码下面以下划波浪线标出,如图 6-8 所示。这种由于输入时的错误在实际操作中经常会出现,属于语法错误。

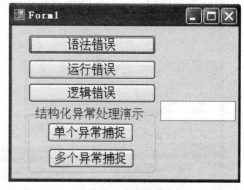

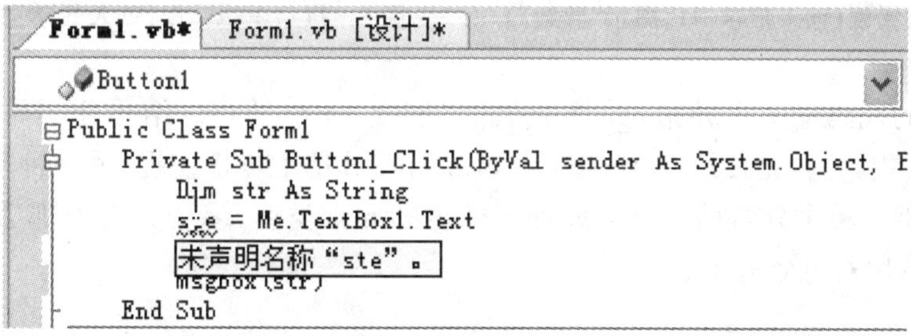

图 6-7　初始界面

图 6-8　语法错误

运行错误在编译代码的时候语法是正确的,但当运行编译过的程序试图执行一个不可能执行的操作时,就会发生运行错误,同时给出一条未处理信息和排错提示。当单击【运行错误】按钮,系统给出如图 6-9 所示的信息框,信息框给出了"未处理 OverflowException"信息,同

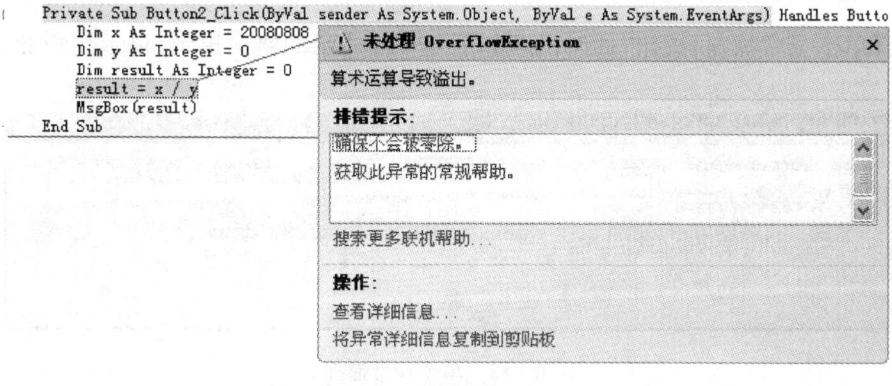

图 6-9　运行错误(分母为 0)

时也给出了排错提示:"确保不会被零除",并把错误的代码行用箭头标示出,代码行底纹用黄色标出。本异常提示与除法有关,因而可以查找代码中除法部分。

逻辑错误是因为编程逻辑有问题而发生的,往往表现为程序能够运行,但不能实现要求的功能,运行结果是错误的。这类错误最隐蔽,较难被发现和排除。在文本框中输入偶数时,单击【逻辑错误】按钮,程序运行结果为奇数;在文本框中输入奇数时,单击【逻辑错误】按钮,程序运行结果为偶数。程序本身既没有语法错误,也没有运行错误,但运行结果与要求不一致,分别如图 6-10 和图 6-11 所示。

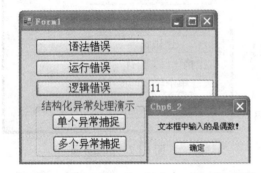 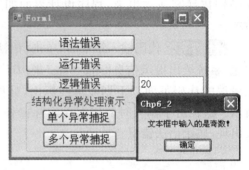

图 6-10　逻辑错误(输入数字:11,提示"偶数")　　图 6-11　逻辑错误(输入数字:20,提示"奇数")

如果编写的代码发生了异常,异常必须被"捕捉"才能处理。结构化异常处理可以使用 Catch 关键字捕捉,一种是使用 Cathc Ex As Exception 单个异常捕捉,另一种是使用 Catch 子句多个异常捕捉。单个异常捕捉适合处理不确定的异常类型,多个异常处理适合处理确定的异常类型。Catch 子句结构如下:

```
Catch    Ex1    As    错误类型 1
...
Catch    Ex2    As    错误类型 2
...
Catch    Ex3    As    错误类型 3
...
```

单击【单个异常捕捉】按钮,此时出现如图 6-12 所示的错误提示,提示用户此时输入的

图 6-12　单个异常捕捉

信息形式错误。如果文本框中输入"0",单击【多个异常捕捉】按钮,则程序运行之后出现如图 6-13 所示的信息。如果文本框中先输入"2008 北京奥运",再单击【多个异常捕捉】按钮,则程序运行之后出现如图 6-14 所示的信息。原因是在【多个异常捕捉】按钮事件中,编写了捕捉这两种异常的代码。

单击【多个异常捕捉】按钮,首先判断是否发生了除数为零的异常(Err. Number 的值为 6,溢出异常的一种),如果文本框中输入"0",则给出除数为零的提示信息,如图 6-13 所示,并把除数的值设为 1,跳转到主程序重新执行除法运算。如果文本框中输入的不是零,而是其他字符型,则给出如图 6-14 所示的信息。

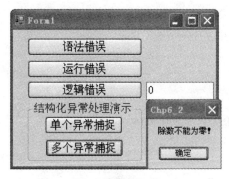

图 6-13　异常捕捉(分母为 0)

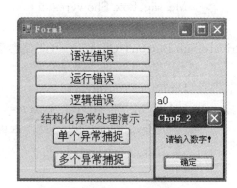

图 6-14　异常捕捉(必须输入数字)

操作步骤

1. 按表 6-4 所示在项目窗体上添加控件(标签控件省略),并把其相应属性设置好。

表 6-4　控件属性

对象名	属性名	属性值	说明
Button1	Text	"语法错误"	单击显示语法错误
Button2	Text	"运行错误"	单击显示运行错误
Button3	Text	"逻辑错误"	单击显示逻辑错误
Groupbox1	Text	"结构化异常处理"	分组显示
Button4	Text	"单个异常捕捉"	显示单个异常捕捉
Button5	Text	"多个异常捕捉"	显示多个异常捕捉
Textbox1	Text	""	用来输入相应内容

2. 在控件相应事件下面添加代码,程序代码如下:

```
Private Sub Button1_Click(……(省略参数)) Handles Button1.Click    '语法错误
    Dim str As String
    ste = Me.TextBox1.Text
```

```
            MessageBox.Show(str)
    End Sub
Private Sub Button2_Click(……(省略参数)) Handles Button2.Click
                                                                '运行错误
        Dim x As Integer = 20080808
        Dim y As Integer = 0
        Dim result As Integer = 0
        result = x / y
        MessageBox.Show(result)
    End Sub
Private Sub Button3_Click(……(省略参数)) Handles Button5.Click
                                                                '逻辑错误
        Dim num As Integer
        If Val(Me.TextBox1.Text) = 0 Then
            MessageBox.Show("文本框中内容不能为空,请输入数字!")
            Me.TextBox1.Focus()
        Else
            num = Val(Me.TextBox1.Text)
            If num Mod 2 <> 0 Then
                MessageBox.Show("文本框中输入的是偶数!")
            Else
                MessageBox.Show("文本框中输入的是奇数!")
            End If
        End If
    End Sub
Private Sub Button4_Click(……(省略参数)) Handles Button3.Click
                                                                '单个异常捕捉
        Try
            Dim result As Integer
            result = 20080808 \ CInt(Me.TextBox1.Text)
            MessageBox.Show(result.ToString)
        Catch ex As Exception
            MessageBox.Show(ex.ToString)
        Finally                                         '可选的,无论是否发生异常,程
                                                         序必须执行的代码
            Me.TextBox1.Clear()
        End Try
    End Sub
```

```
Private Sub Button5_Click(……(省略参数)) Handles Button4.Click
                                                '多个异常捕捉
    Dim i As Integer, j As Double
    Try
        i = CInt(Me.TextBox1.Text)
        j = 20080808 \ I
    Catch ex1 As DivideByZeroException      '捕捉试图用零作除数时引发的异常
        MessageBox.Show("除数不能为零!")      '若捕捉到这种异常,则显示提示信息
    Catch ex2 As InvalidCastException        '捕捉因无效类型转换时引发的异常
        MessageBox.Show("请输入数字!")        '若捕捉到这种异常,则显示提示信息
    End Try
End Sub
```

小 结

本章中您学习了:
- ◆ VB.NET 2005 程序错误种类
- ◆ 语法错误
- ◆ 运行错误
- ◆ 逻辑错误
- ◆ 单个结构化异常捕捉
- ◆ 多个结构化异常捕捉
- ◆ VB.NET 2005 中常用异常类
- ◆ VB.NET 2005 中常用异常类之间的继承关系
- ◆ VB.NET 2005 中常用异常类代表的含义

自　学

实验 1　结构化异常处理(独立练习)

操作任务　用结构化异常处理方法,处理除法运算除数为零异常和所有其他异常。程序界面分别如图 6-15 和图 6-16 所示。

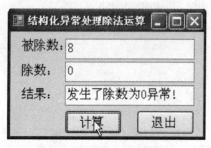

图 6-15　除数为 0 的异常　　　　　　图 6-16　格式转换异常

操作步骤（主要源程序）

Private Sub Button1_Click(……(省略参数)) Handles Button1.Click
　　　Dim x，y As Integer
　　　Dim result As Integer
　　　Try

　　　End Try
End Sub

实验 2　四则运算器（用结构化异常处理方法实现）

操作任务　编写一个四则运算器程序，要求在程序中能够捕获到以下两种异常：一种是算术运算结果溢出（超过单精度范围）时引发的异常，运行后界面如图 6-17 所示；另一种是算术运算浮点值为无穷大时引发的异常，运行后界面分别如图 6-18 所示。

图 6-17 溢出异常

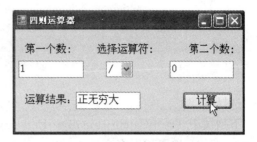
图 6-18 正无穷大异常

操作步骤（主要源程序）

```
Private Sub Button1_Click(……(省略参数)) Handles Button1.Click
    Dim Num1，Num2，Result As Single
    Try
        Num1 = Val(Me.TextBox1.Text)
        Num2 = Val(Me.TextBox2.Text)
        Select Case Me.ComboBox1.Text
            Case "+"：Result = Num1 + Num2
            Case "-"：Result = Num1 - Num2
            Case "*"：Result = Num1 * Num2
            Case "/"：Result = Num1 / Num2
        End Select
        Me.TextBox3.Text = CStr(Result)
```

                    End Try
End Sub

习 题

一、选择题

1. 下列关于 Try…Catch…Finally…End Try 语句的说明中,不正确的是( )。
   A. Catch 块可以有多个　　　　　　B. Finally 块是可选的
   C. Catch 块是可选的　　　　　　　D. 可以只有 Try 块

2. ( )语句的作用是如果在过程中出现运行错误,将把流程跳到发生错误的语句的下一条语句,再继续进行。使用语句可以将错误处理过程放置于错误可能发生的地方,从而不需要在发生错误时将程序流程跳转到其他位置。
   A. On Error GoTo Line　　　　　　B. On Error Resume Next
   C. On Error GoTo 1　　　　　　　D. On Error GoTo -1

3. 关于异常,下列叙述中正确的是( )。
   A. 用户可以根据需要不编写处理异常的代码
   B. 使用异常类时均需在类前加上"System."
   C. 用户可以自己定义异常
   D. 在 VB.NET 2005 中有的异常不能被捕获

4. 下列说法正确的是( )。
   A. 在 VB.NET 2005 中,编译时对数组下标越界将作检查
   B. 在 VB.NET 2005 中,程序运行时数组下标越界也不会产生异常
   C. 在 VB.NET 2005 中,程序运行时数组下标越界是否产生异常由用户确定
   D. 在 VB.NET 2005 中,程序运行时数组下标越界一定会产生异常

二、填空题

1. 根据错误的性质,可以将错误分成 3 类:语法错误、_____错误和逻辑错误。
2. _____对话框用于显示当前被监视表达式的值,只能在运行模式或中断模式下打开。
3. VB.NET 2005 的集成环境提供了 3 种工作模式:设计模式、运行模式和_____模式。
4. 在编写程序时,有些语句下面出现波浪线,说明该处出现了_____错误。
5. 要知道当前发生错误的错误号,可使用 Err 对象的_____属性。
6. 与 Try 块相关的_____块将一定被执行。
7. 使用异常类时均需在类前加上_____。
8. Exception 类有两个重要的属性,其中_____属性包含对异常原因的描述信息。
9. 在 Catch 语句中列举异常类型时,DivideByZeroException 异常应列在 Exception 异常之_____。(选填"前"或"后")

第 7 章 过程

通过本章你将学会：

- 过程的概念与分类
- Sub 过程的定义与建立
- Sub 过程的调用
- Function 过程的定义与建立
- Function 过程的调用
- 参数按值传递
- 参数按地址传递
- 变量的作用域

过程的概念

过程是完成某一特定功能的一段程序,又称子程序。使用过程的原因有两个:其一是结构化程序设计的需要。结构化程序设计思想最重要的一点就是把一个复杂问题分成很多小而独立的问题,即把一个大程序分为若干个小程序,即模块,每个模块完成一部分功能。其二是为了解决代码的重复。可以把经常用到的完成某种功能的程序段编写成过程,每当需要完成这一功能时,只需调用这个过程,而不再需要重复编写代码;当需要修改这一段代码时,只要在该过程里修改即可,而调用该过程的程序不必修改,从而大大提高了编写程序的效率。

过程的分类

根据不同的方法,过程可以分成不同的种类。在 VB. NET 2005 中通常把过程分为 Sub 过程、Function 过程和 Property 过程,本章只介绍 Sub 过程和 Function 过程。

1. Sub 过程

由包含在 Sub 语句和 End Sub 语句之间的一系列语句构成。每次调用过程时都会执行该过程中的语句,即从 Sub 语句后的第一个可执行语句开始,直到遇到第一个 End Sub, Exit Sub 或 Return 语句结束。在 VB. NET 2005 中有两种 Sub 过程,即事件过程和通用过程。定义 Sub 过程的语法格式如下:

```
[Private|Public] Sub 过程名([参数列表])
[局部变量和常数声明]
语句块
[Exit Sub]
语句块
End Sub
```

(1) 事件过程:事件过程是一种特殊的 Sub 过程,它附加在窗体或控件上,分为窗体事件过程和控件事件过程。VB. NET 2005 是事件驱动的,所谓事件是能被对象(窗体和控件)识别的动作。例如:对象单击事件(Click)、双击事件(DoubleClick)、内容改变事件(Change)等。当 VB. NET 2005 对象的某个事件发生时,便自动调用相应的事件过程。

当 VB. NET 2005 中的对象对某个事件的发生做出认定时,便自动用相应事件的名字调用该事件的过程,每个事件后面均有一个 Handle 语法,表示该过程与某个事件对应。

例

```
Private Sub Button1_Click(ByVal sender As System.Object, ByVal e As System.
EventArgs) Handles Button1.Click
    执行代码
End Sub
```

其中,Button1_Click 表示过程名称,一般是由控件名称和事件名称所组成,也可以修改;Button1.Click 表示一个单击事件,由 Handle 建立关联。当然一个过程可以与多个事件关联,例如某个按钮和菜单都是同一功能,那么就可以通过 Handle 建立两个事件对应,具体代码如下:

```
Private Sub Button1_Click(ByVal sender As System.Object, ByVal e As System.
EventArgs) Handles Button1.Click, FileToolStripMenuItem.Click
    执行代码
End Sub
```

用户虽然可以自己编写事件过程,但使用 VB.NET 2005 提供的代码过程会更方便,这个过程自动将正确的过程名包括进来。从"对象框"中选择一个对象,从"过程框"中选择一个过程,就可在"代码编辑器"窗中选择一个模板。在开始为控件编写事件过程之前先设置控件的 Name 属性,这样可以避免在编译时产生一定的错误隐患。如果对控件附加一个 VB.NET 2005 Sub 过程之后又更改控件的名字,那么也必须更改过程的名字以符合控件的新名字,否则 VB.NET 2005 无法使控件和过程相符。过程名与控件名不符时,过程就成为通用过程。

(2) 通用过程:通用过程与事件过程不同,它不依赖于任何对象,也不是由对象的某个事件激活,只能由别的过程来调用。当几个不同的事件过程要执行同样的操作,为了不必重复编写代码,可以采用通用过程来实现,由事件过程调用通用过程。通常,一个通用过程并不和用户界面中的对象联系,直到被调用时它才起作用。因此,事件过程是必要的,但通用过程不是必要的,它是为代码复用和程序员方便而单独建立的。通用过程可以在窗体或模块中定义。

通用 Sub 过程告诉应用程序如何完成一项指定的任务。一旦确定了通用过程,就必须由专有应用程序来调用。反之,在响应用户引发的事件或系统引发的事件而调用事件过程之前,事件过程通常总是处于空闲状态。建立通用过程就是为了将几个不同的事件过程所要执行的同样语句"提"出来。将公共语句放入一个分离开的过程(通用过程)并由事件来调用它,这样一来就不必重复代码,也容易维护应用程序。

面向过程的编程思想就是每个事件对应相应的过程,一般来说,过程的大小应在 60~200 行代码之间。如果小于这个范围,就要考虑这个过程是否需要单独提出来;如果大于这个范围,就应当考虑是否应将大的过程细化。一个好的程序风格总会看到其层次关系,也就是过程既有它需要调用的子过程,还有调用它的父过程。

2. Function 过程

VB.NET 2005 系统不仅提供了大量内部函数,如 Sqrt()、Mid()、Sin()、Date()等,而且用户自己可利用 Function 语句编写某特定功能的函数过程。Function 过程也是一个独立的过程,它与通用过程最根本的区别之处在于:通用过程没有返回值,而 Function 过程有返回值,Function 过程通常出现在表达式中。

Function 过程由包含在 Function 语句和 End Function 语句之间的一系列语句构成。每次调用过程时都会执行该过程中的语句,即从 Function 语句后的第一个可执行语句开始,直到遇到第一个 End Function、Exit Function 或 Return 语句结束。Function 过程的重要特点是执行操作且返回值,同时也能带参数。定义 Function 过程的语法格式如下:

```
[Private|Public] [Static] Function 函数名([参数列表]) As 数据类型
    [局部变量和常数声明]
        语句块
    [函数名=表达式]
    [Exit Function]
        语句块
    [Return 表达式]
End Function
```

3. Sub 过程与 Function 过程的区别

与 Sub 过程一样,Function 过程也是一个独立的过程,可读取参数、执行一系列语句并改变其参数的值。与 Sub 过程不同的是,Function 过程可返回一个值到调用的过程。在 Sub 过程与 Function 过程之间有 3 点区别:

(1) 一般来说,语句或表达式的右边包含函数过程名和参数(returnvalue=function),这就调用了函数。

(2) 与变量完全一样,函数过程有数据类型。这就决定了返回值的类型(如果没有 As 子句,缺省的数据类型为 Object)。

(3) 可以通过函数名得到一个返回值。VB.NET 2005 Function 过程返回一个值时,该值可成为表达式的一部分。

 值传递与地址传递

1. 形参与实参

被调用过程中的参数是形参,它出现在 Sub 过程和函数过程中。在过程被调用之前,形参未被分配内存,只是说明形参的类型和在过程中的作用。实参是调用过程时使用的参数。在过程调用时,实参将数据传递给形参。形参列表和实参列表中的对应变量名可以不相同,但实参和形参的个数、顺序,以及数据类型必须相同。第一个实参与第一个形参对应,第二个实参与第二个形参对应,依此类推。

2. 值传递

按值传递使用 ByVal 关键字,在默认情况下,VB. NET 2005 使用的是按值传递方式。按值传递参数时,VB. NET 2005 给传递的形参分配一个临时的内存单元,将实参的值传递到这个临时单元去,即传送实参的值而不是传送它的地址。实参向形参传递是单向的,如果在被调用的过程中改变了形参值,则只是临时单元的值变动,不会影响实参变量本身。当被调用过程结束返回主调过程时,VB. NET 2005 将释放形参的临时单元。

3. 地址传递

按地址传递使用 ByRef 关键字,按地址传递参数是把实参变量的地址传递给被调用过程,形参和实参具有相同的地址,即形参和实参共享同一段存储单元。因此,在被调用过程中改变形参的值,则相应的实参的值也被改变。也就是说,与按值传递参数不同,按地址传递参数可以在被调用过程中改变实参的值。它是一种双向传递,实参能够把值传给形参,形参也能把改变的值传给实参。

变量的作用域

一个大型的程序往往由多人开发,为了有效地对每个人所写的程序进行管理,引入变量的作用域这一概念。根据变量声明时在程序中的位置,每个变量均有一定的有效范围。变量的有效范围决定了 VB. NET 2005 程序中变量的可访问性,即在有效范围内变量是可用的,而在有效范围之外变量是不能被访问的,否则系统会提示错误信息。在 VB. NET 2005 中,变量由于定义位置的不同,可被访问的范围不同,变量可以被访问的范围称为变量的作用域。

VB. NET 2005 中变量的作用域主要有块范围、过程范围和模块范围 3 级。

1. 块范围

块是由 End,Else,Loop 或 Next 语句终止的语句集合,如 For…Next 或 If…Then…Else…End If 结构内的语句。在某块内声明的变量只能在该块内使用。

例

```
If a>b then
    Dim c as integer
    c=a: a=b: b=c
End If
```

在该程序段中,变量 c 的作用域是 If 和 End If 之间的块,在该块之外引用变量 c 时系统就会提示出错。

2. 过程范围

在某过程内声明的变量只能在该过程内部使用,该级别的变量也称为局部变量。

例

```
Private Sub Button1_Click(…) Handles Button1.Click
    Dim AA As Integer
    …
End Sub
```

上例的 Sub 过程中,介于 Dim AA As Integer 命令行与 End Sub 命令行之间的代码均可以访问变量 AA。在程序的其他部分,变量 AA 就无效了。

与局部变量相对应的是全局变量,全局变量在过程外部定义,可以被该模块的所有过程调用。

例

```
Private Sub Button1_Click(…) Handles Button1.Click
    Dim b As Integer
    b = 20
    a = a + 1
    b = b + 1
    …
End Sub
Private Sub Button2_Click(…) Handles Button2.Click
    Dim b As Integer
    b = 30
    a = a + 1
    b = b + 1
    …
End Sub
```

上例的程序代码中,a 为全局变量,b 为局部变量。

3. 模块范围

通常情况下,模块级别包括 VB.NET 2005 中的模块、类和结构。可以通过将声明语句放在模块、类或结构中的任一个过程或块的外部来声明该级别的元素。当在模块级声明时,由所选的可访问性确定范围。包含模块、类或结构的命名空间也影响范围。为其声明 Private 可访问性的变量可用于引用该模块内的每个过程,但不能用于引用其他模块中的任何代码。如果不使用任何可访问性关键字,则模块级 Dim 语句默认为是 Private。

如果使用 Friend 或 Public 关键字声明模块级变量,则该变量可用于整个命名空间(在其中声明该变量)内的所有过程。

当在程序中定义了有不同的作用域的同名变量时,作用域小的变量有较高的优先访问权。

例如,定义了全局变量 A,在某个过程中也定义了局部变量 A。局部变量 A 只能在该过程中使用,作用域比全局变量小。但在该过程中,全局变量 A 被"屏蔽",如果使用变量 A,则系统认为是局部变量 A,而不是全局变量 A。要想在过程中使用同名的全局变量,只需在变量名的前面加上模块名即可。

VB.NET 2005 调用过程

1. VB.NET 2005 调用 Sub 过程

与 Function 过程不同,在表达式中 Sub 过程不能用其名字调用,调用 Sub 过程的是一个独立的语句。Sub 过程还有一点与函数不同,它不会用名字返回一个值。但是,与 Function 过程相同,Sub 过程也可以修改传递给它们的任何变量的值。调用 Sub 过程有两种方法:

(1) Call MyProc(FirstArgument,SecondArgument)

(2) MyProc(FirstArgument,SecondArgument.)

以上两条语句都能调用名为"MyProc"的 Sub 过程。

2. VB.NET 2005 调用函数过程

通常,调用自行编写的函数过程的方法与调用 VB.NET 2005 内部函数过程(例如 Abs)的方法相同:即在表达式中写上它的名字。下面的两条语句都是调用自行编写的函数过程 MyFunc:

```
(1) TextBox1.Text=CStr(10 * MyFunc)      '调用函数过程 MyFunc 并转换成字符
(2) X=MyFunc()                           '调用函数过程 MyFunc 并赋值给变量 X
```

就像调用 Sub 过程那样,VB.NET 2005 内部函数过程也能调用。不过,当用这种方法调用内部函数时,VB.NET 2005 放弃返回值。

3. VB.NET 2005 调用其他模块中的过程(此部分内容学员只作了解)

在工程中的任何地方都能调用类模块或标准模块中的公用过程。可能需要指定这样的模块,它包含正在调用的过程。调用其他模块中的过程的各种技巧,取决于该过程是在类模块中还是在标准模块中。

在类模块中调用过程要求调用与过程一致并且指向类实例的变量。

例

DemoClass 是类 Class1 的实例:

```
Dim DemoClass As   New Class1
```

DemoClass.SomeSub 在引用一个类的实例时,不能用类名作限定符。必须首先声明类的实例为对象变量(上例中是 DemoClass),并用变量名引用它。

标准模块中的过程如果过程名是唯一的,则不必在调用时加模块名。无论是在模块内,还是在模块外调用,结果总会引用这个唯一过程。如果过程仅出现在一个地方,这个过程就是唯一的。如果两个以上的模块都包含同名的过程,那就有必要用模块名来限定了。

在同一模块内调用一个公共过程就会运行该模块内的过程。

例

对于 Module1 和 Module2 中名为"CommonName"的过程,从 Module2 中调用 CommonName,则运行 Module2 中的 CommonName 过程,而不是 Module1 中的 CommonName 过程。从其他模块调用公共过程名时必须指定那个模块。例如,若在 Module1 中调用 Module2 中的 CommonName 过程,要用下面的语句:

Module2. CommonName(arguments)

助　学

任务1 用过程求数字中的极值(最大值或最小值)

操作任务　编制一个过程,该过程是求3个数中的最大值。通过文本框输入3个数,调用该过程,在文本框中显示最大值。该程序的起始界面如图7-1所示,计算后的运行界面如图7-2所示。

图7-1　初始界面　　　　图7-2　3个数字求最大

操作方案　求3个数中的最大值,首先把第一个数 a 和第2个数 b 进行比较,并把第一个数 a 和第2个数 b 中最大的那个数记录下来,并存放在变量 t 中。然后再把 t 和第3个数 c 进行比较,如果 t 比第3个数 c 小,则把第3个数 c 赋值给 t;如果 t 比第3个数 c 大,则不进行赋值。经过二次比较后,t 中存放的就是3个数 a,b,c 中最大的数,最后把 t 显示出来,从而达到求3个数中最大值的目的。以下的操作步骤中具体给出用 Function 过程、Sub 过程及非过程3种方法编程的代码。

操作步骤

1. 按表 7-1 所示在项目窗体上添加控件（标签控件省略），并把其相应属性设置好。

表 7-1 控件的属性

对象名	属性名	属性值	说明
Form1	Text	"求三个数中最大"	标题栏上的内容
TextBox1	Text	""	显示输入第一个数
TextBox2	Text	""	显示输入第二个数
TextBox3	Text	""	显示输入第三个数
TextBox4	Text	""	显示三个数中最大
Button1	Text	"求最大数"	求三个数中最大
Button2	Text	"退出"	结束程序

2. 在控件相应事件下面添加代码，分别给出用 Function 过程、Sub 过程及非过程 3 种方法的程序代码。

［任务代码一］（方法一：用 Function 过程编程实现）

```
Public Function f(ByVal a As Integer, ByVal b As Integer, ByVal c As Integer) As Integer
    Dim t As Integer                '用来存放 3 个数中的最大值
    If a > b Then
        t = a
    Else
        t = b
    End If
    If t < c Then
        t = c
    End If
    Return t                        'f=t
End Function
Private Sub Button1_Click(……(省略参数)) Handles Button1.Click
    Dim x, y, z As Integer
    x = Val(Me.TextBox1.Text)
    y = Val(Me.TextBox2.Text)
    z = Val(Me.TextBox3.Text)
    Me.TextBox4.Text = f(x,y,z)     '调用 Function 过程
End Sub
```

[任务代码二]（方法二：用 Sub 过程编程实现）

```
Public Sub f(ByVal a As Integer, ByVal b As Integer, ByVal c As Integer, ByRef t As Integer)                              '求3个数中最大值的自定义过程
        If a ＞ b Then
            t ＝ a
        Else
            t ＝ b
        End If
        If t ＜ c Then
            t ＝ c
        End If
End Sub
Private Sub Button1_Click(……（省略参数）) Handles Button1.Click
        Dim x, y, z, p As Integer
        x ＝ Val(Me.TextBox1.Text)
        y ＝ Val(Me.TextBox2.Text)
        z ＝ Val(Me.TextBox3.Text)
        f(x,y,z,p)
        Me.TextBox4.Text ＝ CStr(p)
End Sub
```

[任务代码三]（方法三：用非过程编程实现）

```
Public Function f(ByVal a As Integer, ByVal b As Integer) As Integer
        Dim t As Integer                        '用来存放两个数中的最大值
        If a ＞ b Then
            t ＝ a
        Else
            t ＝ b
        End If
        Return t                                'f＝t
End Function
Private Sub Button1_Click(……（省略参数）) Handles Button1.Click
        Dim a, b, c, t As Integer
        a ＝ Val(Me.TextBox1.Text)
        b ＝ Val(Me.TextBox2.Text)
        c ＝ Val(Me.TextBox3.Text)
        t ＝ f(a,b)
```

```
        t = f(t,c)
        Me.TextBox4.Text = CStr(t)
End Sub
```

任务2 求组合数

操作任务 编写一个求组合数的程序,用来计算组合数的值。该程序的界面如图7-3所示。求组合数的公式如下:

$$C_n^m = \frac{n!}{m!(n-m)!}(\text{其中 } N > M)。$$

图 7-3 求组合数

操作方案 根据任务要求可知,需求出组合数的值,必须知道 N 和 M 两个数的值,可通过文本框输入这两个数的值。本任务的关键是求 n! 的值,可以自定义一个函数来求阶乘,然后在事件过程中 3 次调用此过程,分别求得 N!,M! 和(N-M)! 的值。如果不使用函数,则需要编写 3 个循环语句来完成同样的计算过程。由此可见,使用过程可以使程序更加简洁、有序,各部分代码的作用更容易理解和维护。

操作步骤

1. 按表 7-2 所示在项目窗体上添加控件,并把其相应属性设置好。

表 7-2 控件的属性

对象名	属性名	属性值	说明
Form1	Text	"求组合数"	标题栏上的内容
TextBox1	Text	""	显示输入 N 的值
TextBox2	Text	""	显示输入 M 的值
TextBox3	Text	""	显示求得组合数值
Button1	Text	"计算"	单击计算组合数值
Button2	Text	"重置"	重新输入 N 和 M 值

2. 在控件相应事件下面添加代码,程序代码如下:

[任务代码一](方法一:用函数来实现)

```
Private Sub Button1_Click(……(省略参数)) Handles Button1.Click
                                '事件过程
```

```
        Dim result As Double
        Dim N, M As Integer
        N = CInt(TextBox1.Text)
        M = CInt(TextBox2.Text)
                        '调用 3 次 Function 过程"Cal()",分别求得 N!,M! 下 和(N-M)! 的值
        result = Cal(N) / (Cal(M) * Cal(N - M))
        TextBox3.Text = CStr(result)
End Sub
                        '自定义 Function 过程"Ca()"计算阶乘,将结果作为函数返回值返回
Private Function Cal(ByVal num As Integer) As Double
        Dim i As Integer, s As Double
        s = 1
        For i = 1 To num
            s = s * i
        Next
        Return s
End Function
```

[任务代码二](方法二:不使用函数,用 3 个 For 循环来实现)

```
Private Sub Button1_Click(……(省略参数)) Handles Button1.Click
        Dim resN, resM, resNM As Double              '定义 3 个变量
        Dim N, M, NM, i As Integer
        resN = 1
        resM = 1
        resNM = 1
        N = CInt(TextBox1.Text)
        M = CInt(TextBox2.Text)
        NM = N - M
        For i = 1 To N
            resN = resN * i
        Next
        For i = 1 To M
            resM = resM * i
        Next
        For i = 1 To NM
            resNM = resNM * i
```

```
            Next
            Me.TextBox3.Text = CStr(resN / (resM * resNM))
End Sub
Private Sub Button2_Click(……(省略参数)) Handles Button2.Click
            TextBox1.Text = ""
            TextBox2.Text = ""
            TextBox3.Text = ""
            TextBox1.Focus()
End Sub
```

3. 思考：上面的两种方法中哪一种更简单？

任务3　用过程实现"个人简历表"

操作任务　编写一个"个人简历表"程序。该程序运行后，用户在文本框中输入姓名和年龄，选择性别、职业、学历和个人兴趣等个人信息，单击【递交】按钮运行后右边显示具体个人信息。界面如图7-4所示。

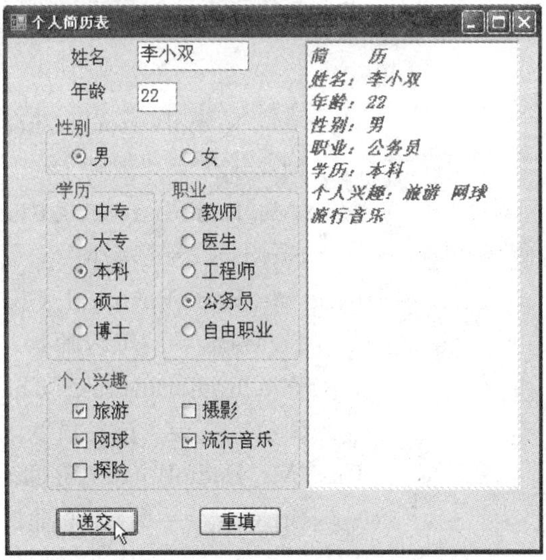

操作方案　在代码中用变量 StrMsg，StrMsg1，StrMsg2，StrMsg3 分别用来保存个人兴趣、性别、学历和职业信息。编写一个不带参数的 Sub 过程，过程名"Refreshresum()"，此过程的作用是在 Richtextbox1 控件中显示"个人简历"。此外，在编写程序时，一般采用 Select Case 语句来处理 RadioButton 控件对象，采用 IF…Then 语句来处理 CheckBox 控件对象。

图7-4　个人简历表

操作步骤

1. 新建项目，在窗体上添加控件，并把其相应属性设置好。
2. 在控件相应事件下面添加代码，程序代码如下：

```
Private Sub Button1_Click(……(省略参数)) Handles Button1.Click
        If Me.RadioButton1.Checked = True Then
            StrMsg1 = "男"
```

```
            Else
                StrMsg1 = "女"
            End If
            Select Case True
                Case Me.RadioButton3.Checked
                    StrMsg2 = "中专"
                Case Me.RadioButton4.Checked
                    StrMsg2 = "大专"
                Case Me.RadioButton5.Checked
                    StrMsg2 = "本科"
                Case Me.RadioButton6.Checked
                    StrMsg2 = "硕士"
                Case Me.RadioButton7.Checked
                    StrMsg2 = "博士"
                Case Me.RadioButton8.Checked
                    StrMsg2 = "MBA"
            End Select
            Select Case True
                Case Me.RadioButton9.Checked
                    StrMsg3 = "教师"
                Case Me.RadioButton10.Checked
                    StrMsg3 = "医生"
                Case Me.RadioButton11.Checked
                    StrMsg3 = "工程师"
                Case Me.RadioButton12.Checked
                    StrMsg3 = "公务员"
                Case Me.RadioButton13.Checked
                    StrMsg3 = "自由职业"
            End Select
            If Me.CheckBox1.Checked Then
                StrMsg = "旅游" + " "
            End If
            If Me.CheckBox2.Checked Then
                StrMsg += "摄影" + " "
            End If
            If Me.CheckBox3.Checked Then
                StrMsg += "网球" + " "
```

```
            End If
            If Me.CheckBox4.Checked Then
                StrMsg += "流行音乐" + " "
            End If
            If Me.CheckBox5.Checked Then
                StrMsg += "探险"
            End If
            RefreshResume()                                    '调用通用过程
End Sub
Private Sub RefreshResume()                                    '自定义一个通用过程
        RichTextBox1.Clear()
        RichTextBox1.Text += "简    历" + vbCrLf
        RichTextBox1.Text += "姓名:" + Me.Textbox1.Text + vbCrLf
        RichTextBox1.Text += "年龄:" + Me.TextBox2.Text + vbCrLf
        RichTextBox1.Text += "性别:" + StrMsg1 + vbCrLf
        RichTextBox1.Text += "职业:" + StrMsg3 + vbCrLf
        RichTextBox1.Text += "学历:" + StrMsg2 + vbCrLf
        RichTextBox1.Text += "个人兴趣:" + StrMsg + vbCrLf
End Sub
```

3. 思考：如何把【递交】按钮中的代码分散到每个控件的事件中？

任务4　局部变量与全局变量的区别

操作任务　编写一个程序,可以不断测试全局变量和局部变量。程序设计初始界面分别如图7-5所示,程序运行结果界面分别如图7-6和图7-7所示。

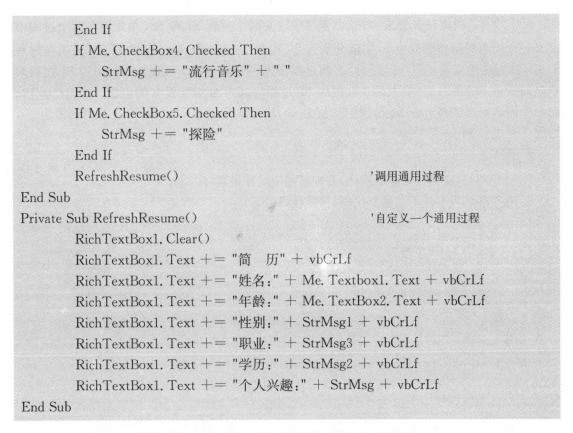

图7-5　设计初始界面

图7-6　运行界面之一

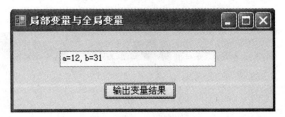

图7-7　运行界面之二

操作方案 根据任务要求可知,在程序中定义两个过程 S1 和 S2,并分别在两个过程中定义一个同名局部整型变量 b,初值分别为 20 和 30;变量 a 既不在过程 S1 中,也不在过程 S2 中,称为全局变量。程序运行时,主调过程中先将全局变量 a 赋值为 10,调用 S1 过程时将全局变量 a 的值由 10 增大到 11,调用 S2 过程时又将全局变量 a 的值由 11 增大到 12。而两个同名局部变量 b 在 S1 过程中初值为 20,增加 1 变成了 21。在 S2 过程中初值为 30,增加 1 变成了 31。

操作步骤

1. 新建项目,在窗体上添加控件,并把其相应属性设置好。
2. 在控件相应事件下面添加代码,程序代码如下:

```
Dim a As Integer
Private Sub S1()
    Dim b As Integer
    b = 20
    a = a + 1
    b = b + 1
    Me.TextBox1.Text = "a=" + a.ToString() + "," + "b=" + b.ToString
End Sub
Private Sub S2()
    Dim b As Integer
    b = 30
    a = a + 1
    b = b + 1
    Me.TextBox1.Text = "a=" + a.ToString() + "," + "b=" + b.ToString
End Sub
Private Sub Button1_Click(……(省略参数)) Handles Button1.Click
    a = 10
    Call S1()
    MessageBox.Show("按任意键继续!")
    Call S2()
End Sub
```

小 结

本章中您学习了:

- ◆ 过程的概念与分类
- ◆ 过程的作用

- ◆ Sub 过程的定义与建立
- ◆ Sub 过程的调用
- ◆ Function 过程的定义与建立
- ◆ Function 过程的调用
- ◆ 参数按值传递的特点
- ◆ 参数按地址传递的特点
- ◆ 参数两种传递方式的区别
- ◆ Function 过程返回值的两种方式

自　学

实验 1　求 f(x,n) 的值(独立练习)

操作任务　编写一个求 f(x,n) 值的程序：

$$f(x,n) = \frac{x}{1! + 2! + 3! + \cdots + n!}。$$

程序运行时,在相应的文本框中输入 x 和 n 的值,然后单击【计算】按钮,运行界面如图 7-8 所示。要求用函数实现。

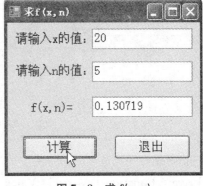

图 7-8　求 f(x,n)

操作步骤（主要源程序）

实验 2 求两个自然数的最大公约数

操作任务 采用辗转除法,编写一个求两个自然数最大公约数的程序。辗转除法的具体算法如下:

(1) 输入两个自然数 M,N;

(2) 计算 M 除以 N 的余数 R,R=M Mod N;

(3) 用 N 替换 M(即 M＝N),用 R 替换 N(即 N＝R);

(4) 若 R<>0,则重复上述步骤(2)、(3)、(4)。

程序运行界面如图 7-9 所示

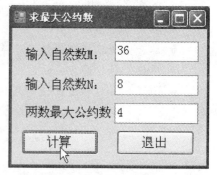

图 7-9 两个自然数的最大公约数

操作步骤(主要源程序)

Private Sub Button1_Click(……(省略参数)) Handles Button1.Click

    Dim M, N, G As Integer

    Me.TextBox3.Text = ""

    M = CInt(Me.TextBox1.Text)

    N = CInt(Me.TextBox2.Text)

    _____

    _____

    _____

    _____

    _____

End Sub

Private Function Divisor(ByVal x As Integer, ByVal y As Integer) As Integer

    Dim R As Integer

    R = x Mod y

    _____

    _____

    _____

    Return y

End Function

实验3　鼠标无法单击【退出】按钮

操作任务　编写鼠标无法单击【退出】按钮的程序,界面上有两个 Label 用于显示鼠标的坐标和一个【退出】按钮。程序运行时,当鼠标移动到按钮上,按钮立即随机移动到其他位置,使得鼠标永远无法单击【退出】按钮。注意鼠标不能超出窗体范围。程序设计界面如图 7-10 所示,运行界如图 7-11 所示。

图 7-10　设计界面

图 7-11　鼠标无法单击【退出】按钮

操作步骤（主要源程序）

实验4　同名局部变量的使用示例

操作任务　编写一个程序,可以不断测试同名局部变量。程序设计初始界面如图 7-12 所示,程序运行结果界面分别如图 7-13 和图 7-14 所示。

图 7-12　初始设计界面

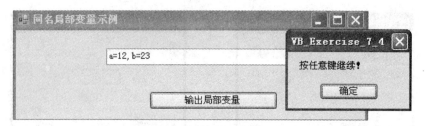

图 7-13　运行界面之一

图 7-14　运行界面之二

提示：定义两个子过程 S1 和 S2。在 S1 过程中定义两个局部整型变量 a 和 b，初值分别为 11 和 22；在 S2 过程中定义两个局部整型变量 a 和 c，初值分别为 33 和 44。在两个子过程中都有改变变量 a 的值的语句，但这些语句都是针对不同的对象。S1 过程中 a＝a＋1，将原值为 11 的变量 a 的值增大到 12；而 S2 过程中 a＝a－1，将原值为 33 的变量 a 的值减小到 32。

操作步骤（主要源程序）

习 题

一、选择题

1. 当使用了 Option Explicit On 语句后,以下描述中正确的是(　　)。
   A. 可以保证变量是被声明过的
   B. 可以不必在开始设计程序时就规划变量的数据类型
   C. 可以提高程序的可读性
   D. 可以节省内存空间

2. 在过程中定义的变量,如果希望在离开该过程后,还能保存过程中局部变量的值,就应该使用(　　)关键字在过程中定义局部变量。
   A. dim   B. Static   C. public   D. Private

3. 对于 VB.NET 2005 语言的过程,下列叙述中正确的是(　　)。
   A. 过程的定义不能嵌套,但过程调用可以嵌套
   B. 过程的定义可以嵌套,但过程调用不能嵌套
   C. 过程的定义和过程调用都可以嵌套
   D. 过程的定义和过程调用都不能嵌套

4. 有过程定义如下:

   Private Sub fun(ByVal x as Integer,ByVal y as Integer,ByVal z as Integer)

   则下列调用语句不正确的是(　　)。
   A. Call fun(a,b,c)   B. Call fun(3,4,a)
   C. fun a,,5   D. fun(a,b,c)

5. 在过程内定义的变量(不在语句块中)为(　　)。
   A. 全局变量   B. 模块级变量   C. 局部变量   D. 静态变量

二、填空题

1. 在定义过程时,如果希望某形参按引用传递,则应在该形参前加上关键字_____。
2. 在定义过程时,如果希望某形参为可选参数,则应在该形参前加上关键字_____。
3. 通用过程与函数过程的最根本区别在于_____。
4. 下列程序,执行单击事件后,m 的值为_____,n 的值为_____。若把第 1 行改为 "Private Sub Fun1(ByVal X As Integer, ByRef Y As Integer)",则执行单击事件后,m 的值为_____,n 的值为_____。

   Private Sub Value(ByVal X As Integer, ByVal Y As Integer)
   　　　X=X+20 ：　　　　　　Y=X+Y

```
End Sub
Private Sub Button1_Click(……(省略参数)) Handles Button1.Click
    Dim M As Integer=15,N As Integer=20
    Fun1(M,N)
    TextBox1.Text=M
    TextBox2.Text=N
End Sub
```

第 8 章 常用控件

通过本章你将学会：

- 单选框控件(RadioButton)
- 复选框控件(CheckBox)
- 分组框控件(GroupBox,Panel)
- 列表框控件(ListBox)
- 组合框控件(ComboBox)
- 多格式文本框控件(RichTextBox)
- 日期控件(DateTimePicker)
- 掩码文本框控件(MaskedTextBox)
- 滚动条控件(HscrollBar,VscrollBar)
- 控件的各种常用属性和方法的应用

导 学

单选框控件(RadioButton)

RadioButton 控件在工具箱中的图标是 ,VB. NET 2005 Radiobutton 控件是用来标识某个选项是否为选定的状态。通常以一组选项按钮的形式出现,但用户在一个组中只能选择一个选项。也就是说,当用户选定一个选项按钮时,同组中的其他选项按钮会自动失效。

1. 创建一组选项按钮

选项按钮一般是以组的形式存在的,一般来说,绘制在相同容器控件的同一类 VB. NET 2005 RadioButton 控件就完成以组的形式存在了,像 GroupBox 控件、PictureBox 控件或窗体都可以作为 RadioButton 组的容器。运行时,用户在每个选项组中只能选定一个选项按钮。例如,如果把选项按钮分别添加到窗体和窗体上的一个 GroupBox 控件中,则相当于创建两组不同的选项按钮。所有直接添加到窗体的选项按钮成为一组选项按钮。要添加附加按钮组,应把按钮放置在框架或图片框,然后在内部绘制 RadioBox 控件。设计时,可选择 GroupBox 控件或 PictureBox 控件中的选项按钮,并把它们作为一个单元来移动。要选定 GroupBox 控件、PictureBox 控件或窗体中所包含的多个控件时,可在按住[Ctrl]键的同时用鼠标在这些控件周围绘制一个方框。

2. 运行时选择选项按钮

在运行时有若干种选定选项按钮的方法:用鼠标单击某个选项按钮,使用[Tab]键将焦点转移到控件,使用[Tab]键将焦点转移到一组选项按钮后,再用方向键从组中选定一个按钮,在选项按钮的标题上创建快捷键,或者在代码中将选项按钮的 Checked 属性设置为 True。

3. Click 事件

选定选项按钮时将触发其 Click 事件。是否有必要响应此事件,这将取决于应用程序的功能。例如,当希望通过更新 Label 控件的标题向用户提供有关选定项目的信息时,对此事件作出响应是很有益的。

4. Checked 属性

选项按钮的 Checked 属性指出是否选定了此按钮。选定时数值将变为 True。可通过在代码中设置选项按钮的 Checked 属性来选定按钮。

例

RadioButton1. Checked=True

要在选项按钮组中设置缺省选项按钮,可在设计时通过"属性"窗口设置Checked属性,也可在运行时在代码中用上述语句来设置Checked属性。

在向用户显示包含选项按钮的对话框时,将要求他们选择项目,确定应用程序下一步做什么。可用每个VB.NET 2005 RadioButton控件的Checked属性判断用户选定的选项,并作出相应的响应。

5. 禁止选项按钮

要禁止选项按钮,应将其Enabled属性设置成False。运行时将显示暗淡的选项按钮,这意味着按钮无效。

复选框控件(CheckBox)

CheckBox控件在工具箱中的图标是 ,CheckBox(复选框)控件用来标识某个选项是否为选定的状态。因此通常用此控件提供"Yes/No"或"True/False"选项。可用分组的CheckBox控件显示多组不同类型的选项,用户可从中一个组选择一个或多个选项。

CheckBox控件与RadioBox(单选框)控件都可以用来指示用户是否对某个选项作出选择。它们的不同之处在于,对于一个组内RadioBox控件,一次只能选择其中的一个,而对于所有的CheckBox控件,则可选定任意数目的复选框。

1. CheckState 属性

CheckBox控件的CheckState属性指示复选框处于选定、未选定或禁止状态(暗淡的)中的哪一种。选定时,CheckState设置值为1;未选定时,CheckState设置值为0。

用户单击CheckBox控件指定选定或未选定状态,然后可检测控件状态,并根据此信息编写应用程序以执行某些操作。缺省时,CheckBox控件设置为CheckState.Unchecked。若要预先在一列复选框中选定若干复选框,则应在New或InitializeComponent过程中,将CheckState属性设置为CheckState.Checked以选中复选框;可将CheckState属性设置为CheckState.Indeterminate以禁用复选框。如有时可能希望满足某条件之前禁用复选框。

2. Click 事件

无论何时单击CheckBox控件都将触发Click事件,然后编写应用程序,根据复选框的状态执行某些操作。

例

每次单击CheckBox控件时都将改变其Text属性以指示选定或未选定状态:

```
Protected Sub CheckBox1_Click(参数省略) Handles CheckBox.Click
    If CheckBox1.CheckState=CheckState.Checked Then
        CheckBox1.Text="Checked"
    ElseIf CheckBox1.CheckState=CheckState.UnChecked Then
        CheckBox1.Text="UnChecked"
```

End If
End Sub

注意 如果试图双击 CheckBox 控件,则将双击当作两次单击,而且分别处理两次单击,也就是说 CheckBox 控件不支持双击事件。

3. 响应鼠标和键盘

在键盘上使用[Tab]键并按 SpaceBar 键,由此将焦点转移到 CheckBox 控件上,这时也会触发 CheckBox 控件的 Click 事件。可以在 Text 属性的一个字母之前添加连字符,创建一个键盘快捷方式来切换 CheckBox 控件的选择。

4. 增强 CheckBox 控件的视觉效果

CheckBox 控件像 RadioButton 控件一样,可直接使用 Image,ImageAlign,ImageIndex 和 ImageList 属性增强其视觉效果。如有时可能希望在复选框中添加图标或位图,或者在单击或禁止控件时显示不同的图像等。

 分组框控件(Panel,GroupBox,TabControl)

1. Panel 控件

可以利用面板控件把其他的控件组织在一起形成控件组。要组成控件组,首先绘制框架,然后把控件放在框架中。这样,当框架移动时,控件也相应移动;框架隐藏时,控件也一起隐藏。

面板控件最常用的事件是单击(Click)和双击(DoubleClick)。

2. GroupBox 控件

当一个窗体上的控件过多时,用户界面就会显得很凌乱。在这种情况下,可以使用 GroupBox 控件对这些控件进行分组。

使用 GroupBox 控件的目的有两个:一是可以用容器对控件分组,使用户界面更加清晰整洁;二是可以把放入容器中的控件作为一个整体来处理,以用于控件的整体移动、删除、隐藏或显示,也可以对容器中的所有控件设置一些公用属性,如字体及其颜色。

3. TabControl 控件

TabControl 控件很像一个卡片盒或者一组文件的标签,将一些相关内容组织在一个选项卡中,在同一个窗口区域通过选择标签来显示不同的选项卡。TabControl 控件能在窗体上产生文件夹标记效果,用户单击某个标记时可以选择一组新的信息或控件。TabControl 控件的常用属性和方法如表 8-1 所示。

表 8-1　TabControl 控件的常用属性和方法

属性	功　　能
MultiLine	设置本控件的标记是以单行还是多行显示：False 单行，True 多行
Appearance	设置控件各个选项卡的显示方式，它有 3 个值：Normal（普通方式）、Buttons（按钮方式）、FlatButtons（平面按钮方式），默认为 Normal
ImageList	设置和控件相对应的图像列表框
ItemSize	设置选项卡的尺寸，包括 Width 和 Height 两个参数，分别表示选项卡的宽度和高度
TabPages	设置控件的选项卡及其属性
ImageIndex	TabControl 中子选项卡属性，用于设置该选项卡的图像列表索引
TooTipText	TabControl 中子选项卡属性，用于设置 ToolTip 文本
BorderStyle	TabControl 中子选项卡属性，用于设置选项卡的边框特性，它有 3 个值：None（没有明显特征）、FixedSingle（固定平板风格）、Fixed3D（固定 3D 风格），默认为 None

TabControl 控件的常用事件是 DoubleClick。其选项卡的常用事件有 Click，SelectedIndexChanged 和 DoubleClick。通常情况下，该控件只是用来做界面的切换，很少对它们的事件进行处理，所以用户可以不必对这些事件进行编码。

4．GroupBox 控件和 Panel 控件的异同点

（1）相同点：都是容器控件，如果隐藏或移动它们，容器中的控件也会受影响。

（2）区别：GroupBox 的边框不能删除，而 Panel 可以设置 BorderStyle 属性来选择是否显示边框；Panel 可以设置 AutoScroll 属性为 True，进行滚动；Panel 不能设置标题，而 GroupBox 可以设置标题。

列表框控件（ListBox）

1．列表框的主要属性

用户可以从列表框 中一系列的选项中选择一个或多个选项。如果选项的数量超过可显示的区域，列表框会自动增加滚动条。列表框可以是单列或多列的。以下是它的主要属性：

（1）Items：设置列表部分中包含的项。用户可以在编译时自己在属性窗口中设置，也可以在程序中进行设置。

（2）SelectionMode：该属性设置用户是否能够在列表项中做多个选择。设置为 None 将不允许选择；该属性为 MultiSimple 时，允许有简单的多项选择；该属性被设置为 MultiExtened 时，允许有扩展式多项选择，即使用"[Shift]＋单击"或"[Shift]＋方向键"可把先前的选项扩展到当前的选项，也可以使用"[Ctrl]＋单击"进行隔项选择。

（3）SelectedIndex：用于获取用户所选取的列表框项目。在编程的时候，用户可以捕获该属性值，然后根据该值来进行相应的动作。

(4) MultiColumn：用于设置列表框是否以多列的形式显示。设置为 True，则支持多列显示。默认为 False。

2. 列表框控件的主要条件

列表框的主要事件是 DoubleClick 和 SelectedIndexChanged，可以通过捕获这两个事件来进行相应的操作。

```
Private Sub ListBox1_DoubleClick(省略参数) Handles ListBox1.DoubleClick
    Me.TextBox1.Font = New System.Drawing.Font("宋体", 12, FontStyle.Bold Or FontStyle.Strikeout)
    Me.TextBox1.ForeColor = Color.Red
    Select Case Me.ListBox1.SelectedIndex
        Case 0
            Me.TextBox1.Text = "大梦谁先觉,平生我自知。草堂春睡足,窗外日迟迟"
        Case 1
            Me.TextBox1.Text = "Visual Basic 2005"
        Case 2
            Me.TextBox1.Text = "练习使用列表框"
    End Select
End Sub
```

组合框控件(ComboBox)

组合框控件 ComboBox 相当于将文本框和列表框的功能结合在一起，这个控件可以实现输入文本来选定项目，也可以实现从列表中选定项目这两种选择项目的方法。如果项目数超过了组合框能够显示的项目数，控件上将自动出现滚动条。用户可以上下或左右滚动列表。

1. 使用组合框和列表框

通常组合框适用于建议性的选项列表，而当希望将输入限制在列表之内时，应使用列表框。组合框包含编辑区域，因此可将不在列表中的选项输入列区域中。此外，组合框省了窗体的空间。只有单击组合框的向下箭头(Style 属性值为 1 的组合框除外，它总是处于下拉状态)时才显示全部列表，所以无法容纳列表框的地方可以很容易地容纳组合框。

2. 组合框的样式

此处有 3 种组合框样式(设置属性：DropDownStyle)。每种样式都可在设计或运行时来设置，而且每种样式都使用数值或相应的 Visual Basic 常数来设置组合框的样式。

样式值常数：下拉式组合框值为 0，VB.NET 2005 中的常数值为 Simple；简单组合框值为

1,VB. NET 2005 中的常数值为 DropDown；下拉式列表框值为 2,VB. NET 2005 中的常数值为 DropDownList。

3. 下拉式组合框

在缺省设置(Style=0)下，组合框为下拉式。用户可以像在文本框中一样直接输入文本，也可单击组合框右侧的附带箭头打开选项列表。选定某个选项后，将此选项插入到组合框顶端的文本部分中。当控件获得焦点时，也可按[Alt]+[↓]键打开列表。

4. 简单组合框

将组合框的 Style 属性设置为 1，将指定一个简单的组合框，任何时候都在其内显示列表。为显示列表中所有项，必须将列表框绘制得足够大。当选项数超过可显示的限度时，将自动插入一个垂直滚动条。用户可直接输入文本，也可从列表中选择。像下拉式组合框一样，简单组合框也允许用户输入那些不在列表中的选项。

5. 下拉式列表框

下拉式列表框(Style=2)与正规列表框相似：它显示项目的列表，用户必须从中选择。但下拉式列表框与列表框的不同之处在于，除非单击框右侧的箭头，否则不显示列表。

下拉式列表框与下拉式组合框的主要差别在于，用户不能在列表框中输入选项，而只能在列表中选择。当窗体上的空间较少时，可使用这种类型的列表框。

6. 添加项目

为在组合框中添加项目，应使用 Insert 方法或 Add 方法，其语法如下：

ComboboxName. Items. Insert(index As Integer,item As Object)

ComboboxName 为列表框或组合框名称，item 为在列表中添加的字符串表达式，需要用引号括起来。Index 用来指定新项目在列表中的插入位置。Index 为 0 表示第一个位置。当在第一个位置时，也可以用语法：

ComboboxName. Items. Add(item As Object)

7. 组合列表框常用的事件

组合列表框常用的条件有 DoubleClick,Click 和 SelectedIndexChanged 等。用户可以通过捕捉 SelectedIndexChanged 事件来获取组合框中的选择。

```
Public Class Form1
    Private Sub ComboBox1_SelectedIndexChanged(省略参数) Handles ComboBox1.SelectedIndexChanged
        Select Case Me. ComboBox1. SelectedIndex
```

```
            Case 0
                Me.TextBox1.ForeColor = Color.Yellow
            Case 1
                Me.TextBox1.ForeColor = Color.Red
            Case 2
                Me.TextBox1.ForeColor = Color.Blue
            Case 3
                Me.TextBox1.ForeColor = Color.Black
        End Select
    End Sub
End Class
```

多格式文本框控件(RichTextBox)

Windows 窗体中 RichTextBox 控件用于显示、输入和操作格式文本。RichTextBox 控件除了做 TextBox 控件所做的每件事外，还可以显示字体、颜色和链接，从文件加载文本和加载嵌入的图像，以及查找指定的字符。RichTextBox 控件通常用于提供类似字处理程序（如 Microsoft Word）的文本操作和显示功能。RichTextBox 控件可以显示滚动条，这一点与 TextBox 控件相同；但是与 TextBox 控件不同的是，RichTextBox 控件的默认设置是水平和垂直滚动条均根据需要显示，并且拥有更多的滚动条设置。

与 TextBox 控件一样，显示的文本由 Text 属性设置。RichTextBox 控件有许多格式文本属性。有关这些属性的详细信息，请参见为 Windows 窗体 RichTextBox 控件设置字体属性和在 Windows 窗体 RichTextBox 控件中设置缩进、悬挂缩进和带项目符号的段落。为了操作文件，LoadFile 和 SaveFile 方法可以显示和编写包括纯文本、Unicode 纯文本和 RTF 格式在内的多种文件格式。可能的文件格式在 RichTextBoxStreamType 枚举中列出。可以使用 Find 方法查找文本字符串或特定字符。

也可以通过将 DetectUrls 属性设置为 True 并编写处理 LinkClicked 事件的代码，将 RichTextBox 控件用于 Web 样式的链接。有关更多信息，请参见使用 Windows 窗体 RichTextBox 控件显示 Web 样式的链接。将 SelectionProtected 属性设置为 True，可以防止用户操作控件中的部分或全部文本。

在 RichTextBox 控件中可以通过调用 Undo 和 Redo 方法撤销和重复大多数编辑操作。CanRedo 方法可以确定用户撤销的上一操作是否可以重新应用于控件。

```
Private Sub Button1_Click(…) Handles Button1.Click
    With Me.RichTextBox1
        .SelectionStart = 0              '从第 0 个字符开始选择（从 0 开始，然后 1,2,…）
        .SelectionLength = 3             '一共选择 3 个字符
```

```
        .SelectionColor = Color.Red              '将选择了的字符的颜色设为红色
        .SelectionFont.Bold = True               '将选择了的字符的粗体设为真
    End With
End Sub
Private Sub Button2_Click(…) Handles Button2.Click
    With Me.RichTextBox1
        .SelectionStart = 3
        .SelectionLength = 3                     '长度为3
        .SelectionFontSize = 12                  '字大小:12号
        .SelectionItalic = True                  '将选择了的字符的斜体设为真
    End With
End Sub
Private Sub Form_Load(…) Handles MyBase.Load
    Me.RichTextBox1.Text = "123456"
End Sub
```

日期控件(DateTimePicker)

日期控件 一般用于让用户可以从日期列表中选择单个值。运行时,单击控件边上的下拉箭头,会显示两个部分:一个下拉列表,一个用于选择日期的网格。就 DateTimePicker 控件的功能来说,它是为了让用户方便地按预先设置好的格式输入或者在列表选取时间日期,所以在它的属性中,Value、Format、CustomFormat 等属性在设计时十分重要,下面就来看下 DateTimePicker 控件的常用属性的用法。

(1) DropDownAlign 属性:获取或设置 DateTimePicker 控件上的下拉日历的对齐方式。默认是 Left。

(2) ShowUpDown 属性:确定是否使用 Up-Down 控件调整日期/时间值,默认为 False。如果该属性设置为 True,则控件在运行时调整日期或时间,是通过显示在控件右边的上下按钮来实现。

(3) MaxDate 属性和 MinDate 属性:分别用于设置可在控件中选择的最大或最小日期和时间。默认最大为:12/31/9998 23:59:59;最小为:1/1/1753 00:00:00。下面的代码分别设置它的最大和最小可选时间:

```
dateTimePicker1.MinDate = New DateTime(2000, 1, 1)
dateTimePicker1.MaxDate = DateTime.Today
```

(4) ShowCheckBox 属性和 Checked 属性:ShowCheckBox 属性设置是否在控件的左侧显示一个复选框,当 ShowCheckBox 设置为 True 时,控件中日期的左侧会显示一个复选框。若选中此复选框,则可更新日期/时间值;若此复选框为空,则无法更改日期/时间值。复选框的状态则由Checked属性控制。

(5) 设置日历网格的外观颜色的属性。

CalendarFont：表示日历的字体样式；

CalendarForeColor：表示日历的前景色；

CalendarMonthBackGround：表示日历的背景色；

CalendarTitleBackColor：表示日历标题的背景色，即选中项的背景色；

CalendarTitleForeColor：表示日历标题的前景色，即选中项的颜色；

CalendarTrailingForeColor：表示日历结尾日期的前景色。

(6) Value属性：控件所选定的日期/时间值，如果Value属性未在代码中更改或被用户更改，它将设置为当前的日期和时间(DateTime.Now)。

(7) Format属性：用于设置控件中显示的日期和时间格式，其枚举值如表8-2所示。

表8-2 DateTimePicker的Format属性

成员名称	说　　明
Custom	以自定义格式显示日期/时间值
Long(默认值)	以用户操作系统设置的长日期格式显示日期/时间值
Short	以用户操作系统设置的短日期格式显示日期/时间值
Time	以用户操作系统设置的时间格式显示日期/时间值

默认值为Long，需要注意的是实际的日期/时间显示取决于用户操作系统中设置的日期、时间和区域设置。

如果Format属性的值为Custom，则可以使用CustomFormat属性来设置自定义日期/时间格式字符串，代码如下：

```
DateTimePicker1.Format = DateTimePickerFormat.Custom
DateTimePicker1.CustomFormat = "MMMM dd，yyyy - dddd"
```

CustomFormat属性中字符串所代表的意义如下：

(1) y：一位数的年份(2001显示为"1")；yy：年份的最后两位数(2001显示为"01")；yyyy：完整的年份(2001显示为"2001")。

(2) M：一位数或两位数月份值；MM：两位数月份值，一位数数值前面加一个零；MMM：3个字符的月份缩写；MMMM：完整的月份名。

(3) d：一位数或两位数的天数；dd：两位数的天数，一位数天数的前面加一个零；ddd：3个字符的星期几缩写；dddd：完整的星期几名称。

(4) h：12小时格式的一位数或两位数小时数；hh：12小时格式的两位数小时数，一位数数值前面加一个零；H：24小时格式的一位数或两位数小时数；HH：24小时格式的两位数小时数，一位数数值前面加一个零。

(5) m：一位数或两位数分钟值；mm：两位数分钟值，一位数数值前面加一个零。

(6) s：一位数或两位数秒数；ss：两位数秒数，一位数数值前面加一个零。

(7) t：一个字母的 AM/PM 缩写("AM"显示为"A")；tt：两个字母的 AM/PM 缩写("AM"显示为"AM")。

 掩码文本框控件(MaskedTextBox)

掩码文本框控件 MaskedTextBox 可以限制用户输入字符时，只能输入特定的字符，对于其他字符不予接受。如果在输入电话号码时，将 MaskedTextBox 控件的 Mask 属性设置为 9000-00000009，则表示可以输入 3 位或 4 位区号，以及 7 位或 8 位电话号码。其中 0 表示任意数字，9 表示该位可选(可以输入也可以不输入)。

Mask 为 MaskedTextBox 类的默认属性。

Mask 必须是由一个或多个掩码元素组成的字符串。MaskedTextBox 使用的掩码语言由其关联的 MaskedTextProvider 进行定义。

 滚动条控件(HscroBar,VscrollBar)

利用滚动条控件可对与其相关联的其他控件中所显示的内容的位置进行调整。VB.NET 2005 的控件工具箱中有水平滚动条 HScrollBar 和垂直滚动条 VScrollBar 两种形式的控件。水平滚动条进行水平方向的调整，垂直滚动条进行垂直方向的调整，两种滚动条也可同时使用。两种滚动条除外观不同，作用和使用方法是相同的。下面以水平滚动条为例，介绍滚动条的属性、方法和事件。

滚动条两端带箭头的按钮称为滚动箭头，两滚动箭头之间的部分称为滚动框，滚动框中可以左右移动的滑块称为滚动滑块。小幅度的调整通常通过单击或连续单击滚动箭头来实现；如果要进行较大幅度的调整，可用鼠标单击或连续单击滚动框；如果要进行快速调整，则可拖动滚动滑块。

1．常用属性

(1) Value 属性：返回一个与滚动滑块位置对应的值。在程序代码中，将该属性值和其他容器中的对象的坐标有机地联系在一起，即可实现容器中的对象位置的调整。

(2) Min 属性：规定 Value 属性的最小取值，即当滚动滑块在滚动框最左端时，Value 属性的值。

(3) Max 属性：规定 Value 属性的最大取值，即当滚动滑块在滚动框最右端时，Value 属性的值。

(4) SmallChange 属性：用于设置程序运行时，鼠标单击滚动箭头一次，Value 属性值的改变量。

(5) LargeChange 属性：用于设置程序运行时，鼠标单击滚动框一次，Value 属性值的改变量。

注意 Value 属性值的变化范围不能超出由 Min 属性和 Max 属性两者规定的范围。

滚动条还有许多其他属性,其作用和用法可参考其他对象的同名属性。滚动条可以调用 Move,Refresh 等方法,但很少使用。

2. 常用事件

(1) Scroll 事件:程序运行中,用鼠标拖动滚动滑块时,引发该事件。

(2) Change 事件:程序运行中,用鼠标单击滚动箭头或滚动框,滚动滑块移动到目标位置后,引发该事件。

用 Scroll 事件可以跟踪滚动条的 Value 属性的动态值,而用 Change 事件获取的是滚动条的 Value 属性变化后的值。设计程序时,如果希望拖动滚动滑块,对象中的文本或图形即时跟着移动,可使用 Scroll 事件;如果希望滚动滑块移动后,对象中的文本或图形位置再发生改变,则可使用 Change 事件。

助 学

任务 1　RadioButton,CheckBox,Panel 和 GroupBox 的应用

操作任务　利用单选框、复选框和分组控件完成有关性别、爱好的设置。

操作方案　通过 RadioButton 控件和 Panel 控件完成性别的设置;通过 CheckBox 控件和 GroupBox 控件完成爱好的设置;通过 Button 控件确定后在 Label 控件中显示选定的信息。窗体设计界面如图 8-1 所示,运行界面如图 8-2 所示。

图 8-1　设计界面

图 8-2　运行界面

> **操作步骤**

1. 新建项目,在窗体上添加控件,并把其相应属性设置好。
2. 【确定】按钮代码如下:

```
Private Sub Button1_Click(……(省略参数)) Handles Button1.Click
    Dim m, i As String
    If RadioButton1.Checked Then m = RadioButton1.Text
    If RadioButton2.Checked Then m = RadioButton2.Text
    If CheckBox1.Checked Then i = CheckBox1.Text
    If CheckBox2.Checked Then i = i + CheckBox2.Text
    If CheckBox3.Checked Then i = i + CheckBox3.Text
    If CheckBox4.Checked Then i = i + CheckBox4.Text
    Label3.Text = "你的性别是:" + m + vbCrLf + "你的爱好是:" + i
End Sub
```

任务2　ListBox 和 ComboBox 的应用

> **操作任务**　利用列表框、组合框等控件完成有关专业和课程选修的设置。

> **操作方案**　通过 ComboBox 控件实现专业选择,共有4个专业:计算机、英语、工商管理和物流管理;通过 ListBox 控件完成选修课程的设置(列表框可以多选);单击【确定】按钮显示选定的信息。窗体设计界面如图 8-3 所示,运行界面如图 8-4 所示。

图 8-3　设计界面

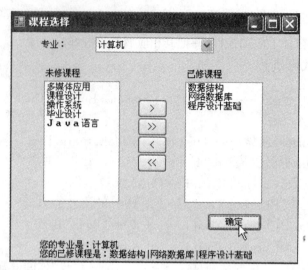

图 8-4 运行界面

操作步骤

1. 新建项目,在窗体上添加控件,并把其相应属性设置好。
2. 定义模块级变量:Dim Subject,Major As String。
3. 双击 ComboBox1 控件,SelectedIndexChanged 代码如下:

```
Private Sub ComboBox1_SelectedIndexChanged(……(省略参数)) Handles _
    ComboBox1.SelectedIndexChanged
    Dim Subject As String
    Subject = Me.ComboSubject.SelectedItem
    Me.ListBox1.Items.Clear()
    Me.ListBox2.Items.Clear()
    Select Case Me.ComboSubject.SelectedItem
        Case "计算机"
            Me.ListBox1.Items.Add("程序设计基础")
            Me.ListBox1.Items.Add("网络数据库")
            Me.ListBox1.Items.Add("Java 语言")
            Me.ListBox1.Items.Add("数据结构")
            Me.ListBox1.Items.Add("多媒体应用")
            Me.ListBox1.Items.Add("课程设计")
            Me.ListBox1.Items.Add("操作系统")
            Me.ListBox1.Items.Add("毕业设计")
        Case "英语"
            Me.ListBox1.Items.Add("英语阅读")
            Me.ListBox1.Items.Add("英语听力")
```

```
            Me.ListBox1.Items.Add("泛读")
            Me.ListBox1.Items.Add("美国文化")
            Me.ListBox1.Items.Add("英语经贸会话")
            Me.ListBox1.Items.Add("口语")
            Me.ListBox1.Items.Add("语法")
            Me.ListBox1.Items.Add("毕业作业")
        Case "工商管理"
            Me.ListBox1.Items.Add("企业分析")
            Me.ListBox1.Items.Add("企业文化")
            Me.ListBox1.Items.Add("人力资源管理")
            Me.ListBox1.Items.Add("市场调查与预测")
            Me.ListBox1.Items.Add("市场营销")
            Me.ListBox1.Items.Add("现代管理思潮")
            Me.ListBox1.Items.Add("专业英语")
            Me.ListBox1.Items.Add("毕业作业")
        Case "物流管理"
            Me.ListBox1.Items.Add("物流信息管理")
            Me.ListBox1.Items.Add("物流学概论")
            Me.ListBox1.Items.Add("管理学概论")
            Me.ListBox1.Items.Add("管理经济")
            Me.ListBox1.Items.Add("供应链管理")
            Me.ListBox1.Items.Add("企业物流")
            Me.ListBox1.Items.Add("专业英语")
            Me.ListBox1.Items.Add("毕业作业")
    End Select
End Sub
```

4. 在窗体的 BtMoveSelectedRight_Click() 事件过程中输入代码，用于课程的设置。

```
Private Sub BtMoveSelectedRight_Click(……(省略参数)) Handles
    BtMoveSelectedRight.Click
    Dim i As Integer
    For i = Me.ListBox1.SelectedItems.Count - 1 To 0 Step -1
        Me.ListBox2.Items.Add(Me.ListBox1.SelectedItems(i))
        Me.ListBox1.Items.Remove(Me.ListBox1.SelectedItems(i))
    Next
    Major = ""
    For i = 0 To Me.ListBox2.Items.Count - 1
```

```
            Major = Major & Me.ListBox2.Items(i) & "|"
    Next
    If Major <> "" Then Major = Strings.Left(Major, Len(Major) - 1)
End Sub
```

5. 在窗体的 BnMoveAllRight_Click() 事件过程中输入代码如下：

```
Private Sub BnMoveAllRight_Click(……(省略参数)) Handles BnMoveAllRight.Click
    Dim i As Integer
    For i = Me.ListBox1.Items.Count - 1 To 0 Step -1
        Me.ListBox2.Items.Add(Me.ListBox1.Items(i))
        Me.ListBox1.Items.Remove(Me.ListBox1.Items(i))
    Next
    Major = ""
    For i = 0 To Me.ListBox2.Items.Count - 1
        Major = Major & Me.ListBox2.Items(i) & "|"
    Next
    If Major <> "" Then Major = Strings.Left(Major, Len(Major) - 1)
End Sub
```

6. 在窗体的 BnMoveSelectedLeft_Click() 事件过程中输入代码如下：

```
Private Sub BnMoveSelectedLeft_Click(……(省略参数)) Handles
    BnMoveSelectedLeft.Click
    Dim i As Integer
    For i = Me.ListBox2.SelectedItems.Count - 1 To 0 Step -1
        Me.ListBox1.Items.Add(Me.ListBox2.SelectedItems(i))
        Me.ListBox2.Items.Remove(Me.ListBox2.SelectedItems(i))
    Next
    Major = ""
    For i = 0 To Me.ListBox2.Items.Count - 1
        Major = Major & Me.ListBox2.Items(i) & "|"
    Next
    If Major <> "" Then Major = Strings.Left(Major, Len(Major) - 1)
End Sub
```

7. 在窗体的 BnMoveAllLeft_Click() 事件过程中输入代码如下：

```
Private Sub BnMoveAllLeft_Click(……(省略参数)) Handles BnMoveAllLeft.Click
    Dim i As Integer
```

```
        For i = Me.ListBox2.Items.Count - 1 To 0 Step -1
            Me.ListBox1.Items.Add(Me.ListBox2.Items(i))
            Me.ListBox2.Items.Remove(Me.ListBox2.Items(i))
        Next
        Major = ""
        For i = 0 To Me.ListBox2.Items.Count - 1
            Major = Major & Me.ListBox2.Items(i) & "|"
        Next
        If Major <> "" Then Major = Strings.Left(Major, Len(Major) - 1)
    End Sub
```

8. 【确定】按钮的 Click 事件如下：

```
Private Sub Button1_Click(……(省略参数)) Handles Button1.Click
    Dim result As String
    result = "您的专业是:" + ComboSubject.Text + vbCrLf
    result = result + "您的已修课程是:" + Major
    Label6.Text = result
End Sub
```

任务3 MaskedTextBox、DateTimePicker、ScrollBar 和 RichTextBox 的应用

操作任务　利用滚动条、时间选择框、多行文本框等控件完成有关生日、入学时间、体重和身高的设置。

操作方案　通过 MaskedTextBox 控件完成有关生日的设置；通过 DateTimePicker 控件完成入学时间的设置；通过 HScrollBar 控件和 VscrollBar 控件完成体重和身高的设置；在设置各项内容的同时，在 RichTextBox 控件中显示其信息的变化。界面如图 8-5 所示。

操作步骤

1. 新建项目，在窗体上添加控件，并把其相应属性设置好：VScrollBar 控件的 Value 属性为 180，HScrollBar 控件的 Value 属性为 70，RichTextBox

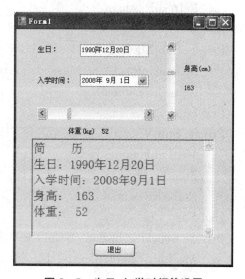

图 8-5　生日、入学时间等设置

控件的 Font 属性设置为绿色、三号、华文行楷。选择 MaskedTextBoxBirthday 控件,设置其 Mask 属性,选择"长日期格式",单击【确定】按钮。

2. 定义模块级变量:Dim StudentInfor(4) As String。

3. 定义一个过程,用于刷新 RichTextBox 控件,代码如下:

```
Private Sub RefreshResume()
    RichTextBox1.Clear()
    RichTextBox1.Text += "简    历" + vbCrLf
    RichTextBox1.Text += "生日:" + StudentInfor(1) + vbCrLf
    RichTextBox1.Text += "入学时间:" + StudentInfor(2) + vbCrLf
    RichTextBox1.Text += "身高:" + StudentInfor(3) + vbCrLf
    RichTextBox1.Text += "体重:" + StudentInfor(4)
End Sub
```

4. 其他事件过程的代码如下:

```
Private Sub Form_Load(…) Handles MyBase.Load
    StudentInfor(1) = MaskedTextBoxBirthday.Text
    StudentInfor(2) = Me.DateTimePickerEnroll.Text
    StudentInfor(3) = Me.LabHeight.Text
    StudentInfor(4) = Me.LabWeight.Text
    RefreshResume()
End Sub
Private Sub DateTimePickerEnroll_ValueChanged(…) Handles …
    StudentInfor(2) = Me.DateTimePickerEnroll.Text
    RefreshResume()
End Sub
Private Sub MaskedTextBoxBirthday_TextChanged(…) Handles …
    StudentInfor(1) = MaskedTextBoxBirthday.Text
    RefreshResume()
End Sub
Private Sub VScrollBar1_Scroll(…) Handles VScrollBar1.Scroll
    Me.LabHeight.Text = 250 - Me.VScrollBar1.Value
    StudentInfor(3) = Me.LabHeight.Text
    RefreshResume()
End Sub
Private Sub HScrollBar1_Scroll(…) Handles HScrollBar1.Scroll
    Me.LabWeight.Text = Me.HScrollBar1.Value
```

StudentInfor(4) = Me. LabWeight. Text
RefreshResume( )
End Sub

任务4　运用 RadioButton,CheckBox 和 GroupBox 控件设置字体

操作任务　利用单选按钮控件、复选按钮控件、容器控件等完成字体风格的设置。

操作方案　在窗体上放置一文本框,文本框中字体初始状态:黑体,16磅,加粗。运行界面上用户可以任意选择"字体"、"大小"和"风格",单击【确定】按钮后,按照所选格式去修改文本框中文字的字体、大小和风格,文本框设置成不可修改状态。初始界面如图8-6所示,运行界面如图8-7所示。

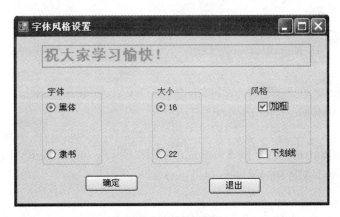

图8-6　初始界面

图8-7　运行界面

操作步骤

1. 新建项目，在窗体上添加控件，并把其相应属性设置好。
2. 在控件相应事件下面添加代码，程序代码如下：

```
Dim fname As String
Dim fsize As Integer
Dim fstyle As FontStyle
Private Sub Button1_Click(……(省略参数)) Handles Button1.Click
        Me.TextBox1.Font = New Font(fname, fsize, fstyle)
    End Sub
Private Sub Button2_Click(……(省略参数)) Handles Button1.Click
        Application.Exit()
    End Sub
Private Sub RadioButton1_CheckedChanged(……).CheckedChanged
        fname = Me.RadioButton1.Text
End Sub
Private Sub RadioButton2_CheckedChanged(……).CheckedChanged
        fname = Me.RadioButton2.Text
End Sub
Private Sub RadioButton3_CheckedChanged(……).CheckedChanged
        fsize = Val(Me.RadioButton3.Text)
End Sub
Private Sub RadioButton4_CheckedChanged(……).CheckedChanged
        fsize = Val(Me.RadioButton4.Text)
End Sub
Private Sub CheckBox1_CheckedChanged(……).CheckedChanged
        fstyle = FontStyle.Regular
        If CheckBox1.Checked = True Then fstyle += FontStyle.Bold
        If CheckBox2.Checked = True Then fstyle += FontStyle.Underline
    End Sub
Private Sub CheckBox2_CheckedChanged(……).CheckedChanged
        fstyle = FontStyle.Regular
        If CheckBox1.Checked = True Then fstyle += FontStyle.Bold
        If CheckBox2.Checked = True Then fstyle += FontStyle.Underline
End Sub
Private Sub Form1_Load((……).CheckedChanged.Load
        fname = Me.TextBox1.Font.Name
```

```
            fsize = Me.TextBox1.Font.Size
            fstyle = Me.TextBox1.Font.Style
End Sub
```

小 结

本章中您学习了：
- 单选框控件(RadioButton)
- 复选框控件(CheckBox)
- 分组控件(Groupbox，Panel)
- 列表框控件(ListBox)
- 组合框控件(ComboBox)
- 多格式文本框控件(RichTextBox)
- 日期控件(DataTimePicker)
- 掩码文本框控件(MaskedTextBox)
- 滚动条控件(水平：HscrollBar，垂直：VscrollBar)

自 学

实验 1 计算存款利息（独立练习）

操作任务 编写计算存款利息的程序。存款时间包括半年、1年、2年、3年和5年。半年年利率为3.78,1年年利率为4.14,2年年利率为4.68,3年年利率为5.4,5年年利率为5.85。利息税为5%。选择"存款时间"时，下面的文本框自动显示年利率。运行界面如图8-8所示。

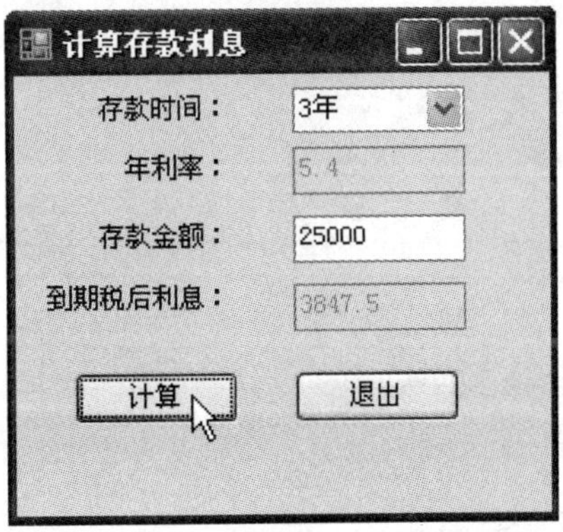

操作步骤（主要源程序）

图8-8 计算存款利息

实验 2 调查表(独立练习)

操作任务 编写调查表的程序。输入学生姓名及选择相应的老师和课程后,单击【确定】按钮,则在下面显示其结果。运行界面如图 8-9 所示。

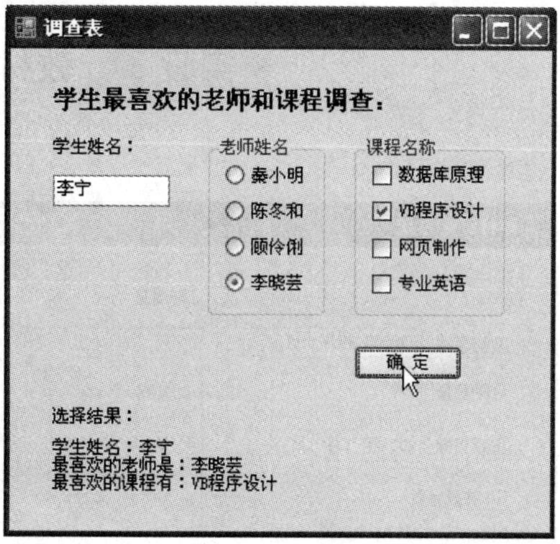

操作步骤(主要源程序)

图 8-9 调查表

实验3　教材订购系统(独立练习)

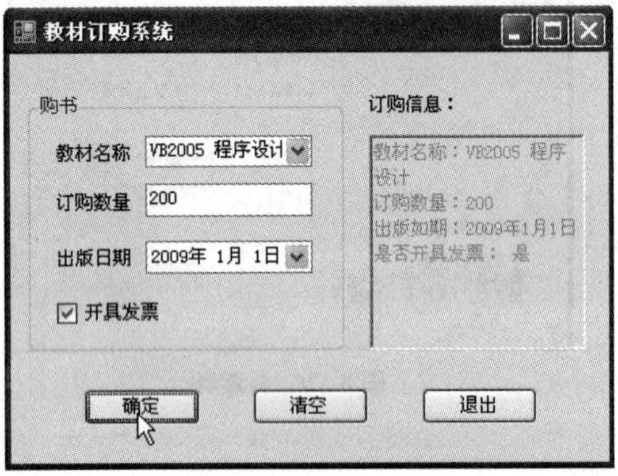

操作任务　编写教材订购系统的程序。选择教材名称(添加本学期所学教材),输入数量,选择出版日期和是否开具发票,单击【确定】按钮后,在右边显示具体的订购信息。若书名或数量未设置,则提示"请设置好相关信息再确定!"。单击"清空",则清除各控件中内容。运行界面如图8-10所示。

操作步骤(主要源程序)

图8-10　教材订购系统

习 题

选择题

1. 下列叙述中,正确的是(　　)。
   A．GroupBox 控件可以有 Scrollbar
   B．Panel 控件可以有标题
   C．窗体中的多个 CheckBox 控件可以同时选中
   D．窗体中的多个 Radiobutton 控件可以同时选中

2. 下列叙述中,正确的是(　　)。
   A．MaskedTextBox 控件可用来遮住文字,不让用户看见
   B．HscrollBar 控件可以用来显示图像或图片
   C．DateTimePicker 控件不但允许用户直接选取某一天的日期,而且可以选择一段日期范围
   D．RichTextBox 控件可用来显示一些带格式的文本

3. 如果有 3 个 Radiobutton 控件直接放置在窗体上,另有 4 个 Radiobutton 控件放置在 GroupBox 控件中,则运行时可以同时选中(　　)个单选框。
   A．1　　　　　　B．2　　　　　　C．3　　　　　　D．4

4. 以下关于复选框的说法中,正确的是(　　)。
   A．复选框的 Enabled 属性用于决定该复选框是否被选中
   B．复选框的 Locked 属性用于决定该复选框是否被选中
   C．复选框的 Checked 属性用于决定该复选框是否被选中
   D．复选框的 Visible 属性用于决定该复选框是否被选中

5. 将字符串"上海开放大学"添加到 ListBox1 中,作为列表项的第一项,可使用下列语句中的(　　)。
   A．ListBox1.Items.Add("上海开放大学")
   B．ListBox1.Items.Add(1,"上海开放大学")
   C．ListBox1.Items.Insert("上海开放大学")
   D．ListBox1.Items.Insert(0,"上海开放大学")

6. 要使滚动条表示最大值为 100,应该设置其(　　)属性。
   A．LargeChange　　　　　　　　　B．Maximum
   C．MaximumSize　　　　　　　　　D．SmallChange

7. 设置 Time 控件的事件发生间隔为 1 秒,则 Interval 属性应设置为(　　)。
   A．10　　　　　　　　　　　　　　B．100
   C．1000　　　　　　　　　　　　　D．10000

8. 调整 PictureBox 控件大小,使其等于所包含的图像大小,则其 SizeMode 属性应设置为(　　)值。

A．AutoSize B．CenterImage
   C．Normal D．StretchImage

9. 要删除列表框 ListBox 控件中选项，应使用 Items 集合的（　　）方法。
   A．Sub B．Remove C．Add D．Clear

10. 要选择 LinkLabel 标签中呈现为超级链接的文本部分，要对（　　）属性进行设置。
    A．LinkArea B．LinkBehavior
    C．LinkColor D．Text

11. 要修改 GroupBox 控件的标题内容，应对（　　）属性进行设置。
    A．Text B．BackgroundImage
    C．GridSize D．Cursor

12. 在过程中定义的变量，如果希望在离开该过程后，还能保存过程中局部变量的值，就应该使用（　　）关键字在过程中定义局部变量。
    A．Dim B．Static C．Public D．Private

第 9 章 界面设计

通过本章你将学会：

- 多文档窗体(MDI 窗体)
- 状态栏控件(StatusStrip)
- 菜单条控件(MenuStrip)
- 快捷菜单控件(ContextMenuStrip)
- 工具栏控件(ToolStrip)
- 对话框控件(OpenFileDialog,SaveFileDialog,FontDialog,ColorDialog)
- 计时器控件(Timer)
- 图片框控件(PictureBox)
- 窗体和控件的各种常用属性和方法的应用

导 学

多文档窗体(MDI 窗体)的概念

前面的章节中所创建的都是单文档界面(SDI)应用程序。这样的程序(如记事本和画图程序)仅支持一次打开一个窗体或文档。如果需要编辑多个文档,用户必须创建 SDI 应用程序的多个实例。而使用多文档界面(MDI)程序(如 Word 和 Photoshop)时,用户可以同时编辑多个文档。

MDI 程序中的应用程序窗体称为父窗体,应用程序内部的窗口称为子窗体。虽然 MDI 应用程序可以具有多个子窗体,但是每个子窗体却只能有一个父窗体。此外,处于活动状态的子窗体最大数目是 1。子窗体本身不能成为父窗体,而且不能移动到它们的父窗体区域之外。除此之外,子窗体的行为与任何其他窗体一样(如可以关闭、最小化和调整大小等)。一个子窗体在功能上可能与父窗体的其他子窗体不同。例如一个子窗体可能用于编辑图像,另一个子窗体可能用于编辑文本,第 3 个子窗体可以使用图形来显示数据,但是所有的窗体都属于相同的 MDI 父窗体。也就是说,当一个子窗体关闭时,父窗体不会退出;反之,当父窗体关闭时,所有的子窗体则会全部关闭。

状态栏控件(StatusStrip)

状态栏控件 StatusStrip 用来提供一个状态窗口,它通常出现在窗体的底部。通过这个控件,应用程序能够显示不同种类的状态数据。在状态栏中可以包含文本、图像、下拉按钮等子项。

StatusStrip 控件用来产生一个 Windows 状态栏,它的功能十分强大,可以将一些常用的控件单元作为子项放在状态栏上,通过各个子项同应用程序发生联系。常用的子项有 StatusLabel,SplitButton,DropDownButton,ProgressBar 等。

1. 状态栏的常用属性

状态栏的常用属性如表 9-1 所示。

表 9-1 状态栏常用属性

属性	功 能
BackgroundImage	用于设置背景图片
BackgroundImageLayout	用于设置背景图片的显示对齐方式
Items	用于显示控件上所显示的子项

续 表

属性	功 能
TabIndex	控件名相同时,用来产生一个数组标示号
ShowItemToolTips	设置是否显示状态栏子项上的提示文本
TextDirection	设置文本显示方向
Text	设置文本显示内容
ContextMenuStrip	设置状态栏所指向的弹出菜单
AllowItemRecoder	用于设置是否允许用户改变子项在状态栏中的顺序,True 时允许在程序运行时通过按住[Alt]键拖动各子项来调整各子项的位置

2. 状态栏的常用事件

状态栏的常用事件有 ItemClicked,DoubleClick 和 Click 等。对于 ItemClicked 事件,单击本控件上的一个子项时,该事件过程被执行;对于 Click 事件,当本控件被单击时执行。

例

```
Private Sub StatusStrip1_ItemClicked(…) Handles StatusStrip1.ItemClicked
    Select Case e.ClickedItem.ImageIndex
        Case 0
            Label1.Text = "上海"
        Case 1
            Label1.Text = "北京"
        ……
    End Select
End Sub
```

在上述代码中,用子控件的背景图标在 Imagelist 里的 Index 序号来进行判断和分支。

 菜单条控件(MenuStrip)

菜单通过存放按照一般主题分组的命令将功能公开给用户。菜单控件 MenuStrip 是此版本的 Visual Studio 和.NET Framework 中的新功能。使用该控件,可以轻松创建类似 Microsoft Office 中的菜单。MenuStrip 控件支持多文档界面(MDI)和菜单合并、工具提示和溢出。可以通过添加访问键、快捷键、选中标记、图像和分隔条,来增强菜单的可用性和可读性。

使用 MenuStrip 控件可以创建支持高级用户界面和布局功能的易自定义的常用菜单,如文本和图像排序和对齐、拖放操作、MDI、溢出和访问菜单命令的其他模式。MenuStrip 控件支持操作系统的典型外观和行为。对所有容器和包含的项进行事件的一致性处理,处理方式与其他控件的事件相同。如表 9-2 所示为 MenuStrip 和关联类的属性。

表 9-2 MenuStrip 和关联类的属性

属 性	说 明
MdiWindowListItem	获取或设置用于显示 MDI 子窗口列表 ToolStripMenuItem
System.Windows.Forms.ToolStripItem.MergeAction	获取或设置 MDI 应用程序中子菜单与父菜单合并的方式
System.Windows.Forms.ToolStripItem.MergeIndex	获取或设置 MDI 应用程序的菜单中合并项的位置
System.Windows.Forms.Form.IsMdiContainer	获取或设置一个值,该值指示窗体是否为 MDI 子窗口的容器
ShowItemToolTips	获取或设置一个值,该值指示是否为 MenuStrip 显示工具提示
CanOverflow	获取或设置一个值,该值指示 MenuStrip 是否支持溢出功能
ShortcutKeys	获取或设置与 ToolStripMenuItem 关联的快捷键
ShowShortcutKeys	获取或设置一个值,该值指示与 ToolStripMenuItem 关联的快捷键是否显示在 ToolStripMenuItem 旁边

快捷菜单控件(ContextMenuStrip)

快捷菜单 ContextMenuStrip 显示弹出菜单,或在用户右击鼠标时显示一个菜单,就应使用 ContextMenuStrip。与 MenuStrip 类似,ContextMenuStrip 也是 ToolStripMenuItems 对象的容器,但它派生于 ToolStripDropDownMenu。ContextMenu 的创建与 MenuStrip 相同,也是添加 ToolStripMenuItems,定义每一项的 Click 事件,执行某个任务。弹出菜单应赋予特定的控件,为此要设置控件的 ContextMenuStrip 属性。在用户右击该控件时,就显示该菜单。

工具栏控件(ToolStrip)

工具栏控件 ToolStrip 用来产生一个 Windows 工具栏。这个工具栏十分强大,它可以将一些常用的控件单元作为子项放在工具栏中,通过各个子项同应用程序发生联系。常用的子项有:Button、Label、SplitButton、DropDownButton、Seperator、ComboBox、TextBox 和 ProgressBar 等。

1. 工具栏控件的常用属性及属性的功能

(1) BackgroundImage:用于设置背景图片;

(2) BackgroundImageLayout:用于设置背景图片的显示对齐方式;

(3) Items:用于设置控件上所显示的子项;

(4) TabIndex:控件名相同时,用来产生一个数组标示符号;

(5) ShowItemToolTips:设置是否显示工具栏子项上的提示文本;

(6) TextDirection:设置文本显示方向;

(7) Text:设置文本显示内容;

(8) ContextMenuStrip:设置工具栏所指向的弹出菜单;

(9) AllowItemRecoder:用于设置是否允许用户改变子项在工具栏中的顺序。设为 True 时,允许用户在程序运行时通过按住[Alt]键拖动各子项来调整各子项位置。

Button,Label,ComboBox,TextBox,ProgressBar 等控件的使用及设置与前面的 Button、Label、TextBox 等基本一致;Seperator 用于提供一个间隔;SplitButton,DropDownButton 最常用的属性是 DropDownItems。

2. 工具栏的常用事件

工具栏的常用事件主要有 ItemClicked,DoubleClick 和 Click 等。对于 ItemClicked 事件,单击该控件上的一个子项时,该事件过程被执行;对于 Click 事件,单击此控件时,该事件被执行。

例

```
Public Class Form1
    Private Sub ToolStripButton1_Click(省略) Handles ToolStripButton1.Click
        Me.ToolStripLabel1.Text = Me.ToolStripTextBox1.Text
        Me.ToolStripComboBox1.Text = Me.ToolStripTextBox1.Text
    End Sub
    Private Sub ToolStripMenuItem1ToolStripMenuItem_Click(省略参数) Handles Tool-
StripMenuItem1ToolStripMenuItem.Click
        Me.ToolStripProgressBar1.Value = 50
    End Sub
    Private Sub ToolStripMenuItem2ToolStripMenuItem1_Click(省略参数) Handles Tool-
StripMenuItem2ToolStripMenuItem1.Click
        Me.ToolStripProgressBar1.Value = 0
    End Sub
End Class
```

 对话框控件(OpenFileDialog,SaveFileDialog,FontDialog,ColorDialog)

可以在项目中使用一套预先定义好的标准对话框来完成一些任务,如指定颜色和字体、打开和保存文档等。在工具箱中的图标分别是 OpenFileDialog, SaveFileDialog, FontDialog, ColorDialog。

1. OpenFileDialog 使用实例

要求:先添加一个 TextBox,设置成多行显示,边缘尽量靠近窗体的边缘(要容得下多行文本),也可以设置 ScrollBar 属性(值为 Vertical)来添加滚动条,再添加一个 Button 按钮控件。

```
Private Sub Button1_Click(…) Handles Button1.Click
    Dim Text As String = ""                '声明一个名为 Text 的 String 类型变量
    Dim  Line As String = ""               'Line 变量用于储存被打开文件中的每一行文本
    OpenFileDialog1.Filter = "Text File(*.txt)|*.txt"
                                           '设置打开的文件类型
    OpenFileDialog1.ShowDialog()           '显示打开对话框
    If OpenFileDialog1.FileName <> "" Then
                                           '如果文件路径不为空
      Try                                  '使用 Try…Catch 语句捕获和处理执行代码过程中的
                                            错误
        FileOpen(1, OpenFileDialog1.FileName, OpenMode.Input)
                                           '打开文件
        Do Until EOF(1)                    '使用 Do Until 语句和 EOF 函数来确定是否读到最后
          Line = LineInput(1)              '使用 LineInput 函数为 Line 变量赋值
          Text = Text & Line & vbCrLf
                                           '将 Line 变量的值赋给 Text 并换行
        Loop                               '继续循环,直到文件内容被读取完最后一行才跳出循环
        TextBox1.Text=Text                 '使文件内容显示在文本框中
      Catch ex As Exception
        MessageBox.Show(ex.Message)        '如果操作文件出现错误,则弹出错误信息
      Finally
        FileClose()                        '文件操作结束后关闭文件
      End Try
    End If
End Sub
```

运行过程和结果如图 9-1 所示。

2. SaveFileDialog 使用实例

要求:从工具箱中拖放一个 Button 控件按钮,并设置它的属性,将 Name 属性设置为 BtnSave,Text 属性设置为 Save。在工具箱中,向下滚动,找到 SaveFileDialog 控件,然后将它拖放到窗体上。双击【Save】按钮,打开它的 Click 事件,添加如下突出显示的代码:

```
Private Sub btnSave_Click(…) Handles btnSave.Click
    Dim strFileName as string= ""
    With SaveFileDialog1
        .DefaultExt = "txt"
```

第9章 界面设计

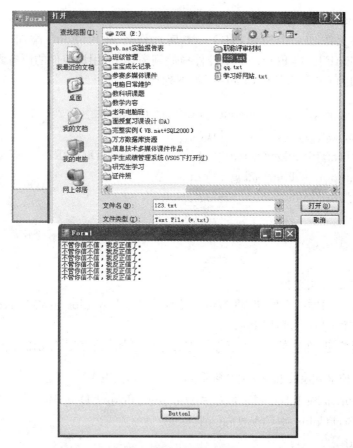

图 9-1 运行结果图

```
            .FileName = strFileName
            .Filter = "Text Documents ( * .txt)| * .txt|All Files ( * . * )| * . * "
    .FilterIndex = 1
            .OverwritePrompt = True
            .Title = "Demo Save File Dialog"
    End With
    If SaveFileDialog1.ShowDialog = Windows.Forms.DialogResult.OK Then
        Try
            strFileName = SaveFileDialog1.FileName
        Catch ex As Exception
            MessageBox.Show(ex.Message, My.Application.Info.Title, _
            MessageBoxButtons.OK, MessageBoxIcon.Error)
        End Try
    End If
End Sub
```

3. FontDialog 使用实例

要求：在窗体上添加一个按钮，将 Name 属性设置为 BtnFont；添加一个文本控件，将 Name 属性设为 TxtFile；将 FontDialog 控件拖放到窗体上，用该控件的所有默认属性。

给 Font 按钮的 Click 事件处理程序添加下列代码：

```
Private Sub btnFont_Click(…) Handles btnFont.Click
    FontDialog1.ShowColor = True
    If FontDialog1.ShowDialog = Windows.Forms.DialogResult.OK Then
    txtFile.Font = FontDialog1.Font
    txtFile.ForeColor = FontDialog1.Color
    End If
End Sub
```

4. ColorDialog 使用实例

要求：在窗体上添加一个按钮，将 Name 属性设置为 BtnColor，并将 ColorDialog 控件拖放到窗体上，用该控件的所有默认属性。

双击【Color】按钮，在它的 Click 事件处理程序中添加如下突出显示的代码：

```
Private Sub btnColor_Click(…) Handles btnColor.Click
    If ColorDialog1.ShowDialog = Windows.Forms.DialogResult.OK Then
    Me.BackColor = ColorDialog1.Color
    End If
End Sub
```

计时器控件(Timer)

对于计时器控件 Timer，我们在第 2 章中做过一些简单的介绍，本章进一步补充。

定时器控件主要用来计时。通过计时处理，可以实现各种复杂的操作，如延时、动画等。Timer 控件的常用属性不是很多，比较常用的是 Interval(间隔)属性，该属性值决定两次调用 Timer 控件的间隔毫秒数。Enabled 属性用来控制定时器控件是否有效，该控件运行时是不可见的。定时器控件的属性虽然不多，但其在动画制作、定期执行某个操作等方面起着重要作用。定时器控件的事件只有一个 Tick。用户可以通过捕捉该事件来对事件进行操作。

说明：以下实例把 Timer 控件 Enabled 属性设置为 True，Interval 属性设置为 4000。

例

```
Public Class Form1
    Dim filesave As Boolean
    Private Sub Form1_Load(...) Handles MyBase.Load
        filesave = False
```

```
    End Sub
    Private Sub Timer1_Tick(…) Handles Timer1.Tick
        Me.Timer1.Enabled = False
        If filesave = False Then
            MessageBox.Show("文件没有存储,请及时存储!", MessageBox.ShowStyle.OkOnly)
            filesave = True
        End If
        Me.Timer1.Enabled = True
    End Sub
    Private Sub TextBox1_TextChanged(…) Handles TextBox1.TextChanged
        filesave = False
    End Sub
End Class
```

运行过程和结果如图 9-2 所示。

图 9-2 运行过程和结果

图片框控件(PictureBox)

对于图片框控件 PictureBox,主要掌握以下内容:在设计阶段加载、在运行期间加载、图形文件的保存与转换。

1. 在设计阶段加载

可以用属性窗口中的 Image 属性装入图形文件。

利用剪贴板把图形粘贴到图片框中。

2. 在运行期间加载

在运行期间,可以用 Image.FromFile 函数把图形文件装入图片框中。格式如下:
对象名.Image = Image.FromFile([filename])
其中,filename 为包含全路径名或有效路径名的图片文件名。

例

Me.PictureBox1.Image = Image.FromFile("E:\教学内容\教学课件及相关材料\vb.net2005程序设计应用\程序设计应用复习材料(-11)\素材\pic\通用.jpg")

可以把一个图片文件加载到名为"PictureBox1"的图片框中。如果图片框中已有图形,则被新装入的图形覆盖。图片框中的图形也可以用 Image.FromFile 方法删除,只要用一个"空"图形覆盖原来的图形就能实现,但这种方法用得很少。一般使用赋值语句:Me.PictureBox1.Image = Nothing 来删除图片。

3. 图形文件的保存与转换

图形文件的保存,可以使用 Save 方法。格式如下:
    PictureBox 控件名.Image.Save("文件名")
或
    PictureBox 控件名.Image.Save("文件名",要转换的图片格式)

注意 要转换的图片格式必须是 ImageFormat 枚举类型的成员,即平台所支持的图片格式(如 Bmp,Jpg,Ico,Jpeg,Wmf 等),否则要报错。

当然图形路径也可用相对路径,这里就不再展开。图形加载和保存运行过程和结果如图 9-3 所示。

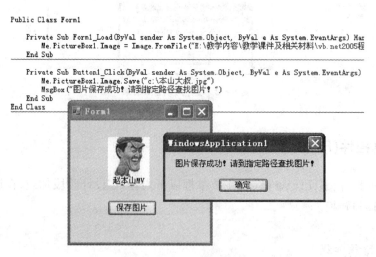

图 9-3 运行过程和结果

助 学

任务 1　多文档窗体、菜单和快捷菜单的应用

操作任务　利用菜单条控件、快捷菜单控件实现学生管理系统主界面基本功能。

操作方案　通过属性的设置使窗体作为 MDI 容器。通过 MenuStrip 控件显示按功能分组的应用程序命令和选项,具体包括"系统"和"学生信息管理"两个菜单项。通过 ContextMenuStrip 控件完成当用户右击窗体时显示快捷菜单,包括"退出"和"录入学生信息"两项。如图 9-4 所示。

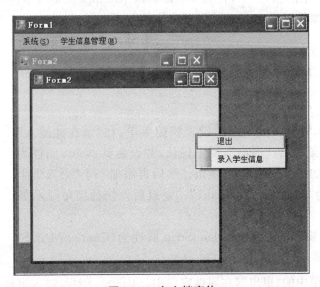

图 9-4　多文档窗体

操作步骤

1. 新建项目"Chp9_1"。设置 Form1 窗体的 IsMdiContainer 属性为 True,使该窗体为 MDI 窗体,并改变窗体大小,使窗体适当增大。在 Form1 窗体上添加 MenuStrip 控件和 ContextMenuStrip 控件,用于设置窗体主菜单及快捷菜单。

2. 选择 MenuStrip 控件,设置窗体的主菜单:在"请在此键入"字样处单击,并输入菜单名:"系统(&S)",回车确认。然后设置其 Name 属性为"SytemMenu",其中 &S 符号代表该菜单项的快捷键是[Alt]+[S],并添加子菜单:"退出(&X)",设置其 Name 属性为"ExitItem"。完

图 9-5　菜单显示一

成后该菜单显示如图 9-5 所示。

3. 使用同样的方法在"系统"菜单旁再添加"学生信息管理(&M)"菜单，Name 属性为"StudentManageMenu"，并设置子菜单为："录入学生信息(&I)"、"-"、"管理学生基本信息"，其 Name 属性分别为："InputStudentItem"，"ToolStripMenuItem1"和"ManageStudentItem"。其中第 2 项子菜单"-"显示为一条分隔线。完成后该菜单显示如图 9-6 所示。

图 9-6 菜单显示二

4. 单击"项目"菜单，选择"添加 Windows 窗体"子菜单，然后选择"Windows 窗体"，其名称默认为："Form2.vb"。

5. 选择 Form1 窗体，双击"退出"菜单，打开代码编辑窗口，在 ExitItem_Click()事件过程中输入代码，用于退出该应用程序：

Application.Exit()

6. 双击"录入学生信息"菜单，在其 InputStudentItem_Click()事件过程中输入代码，用于将项目中 Form2 窗体以 Form1 窗体的子窗体的方式打开：

Dim f As Form2 = New Form2
f.MdiParent = Me
f.Show()

7. 选择 ContextMenuStrip 控件，设置快捷菜单：在"请在此键入"字样处单击，并输入菜单名："退出"，回车确认，并设置其 Name 属性为"ExitItem1"。再添加一个"-"作为分隔条。然后再添加一个"录入学生信息"，Name 属性为"InputStudentItem1"。完成后该快捷菜单显示如图 9-7 所示。

图 9-7 菜单显示三

8. 设置 Form1 窗体的 ContextMenuStrip 属性为"ContextMenuStrip1"，用于将快捷菜单与窗体进行关联。

9. 选择快捷菜单中的"退出"，在属性窗口中，单击 图标，进入事件窗口，设置 Click 事件为"ExitItem_Click"，用于将它与主菜单中相关控件的 Click 事件进行关联。同样，设置"InputStudentItem1"控件的 Click 事件为"InputStudentItem_Click"。

10. 启动程序运行，则主菜单及快捷菜单各项功能正常执行。

任务2 工具栏和对话框的应用

操作任务 利用工具栏控件与对话框控件实现学生简历及照片的设置和管理功能。

操作方案 通过 ToolStrip 控件显示工具栏及其他用户界面元素,具体包括"打开图片"、"保存简历"、"设置字体"和"设置颜色"4 项。各项功能通过不同的对话框控件实现,并分别通过 PictureBox 控件和 RichTextBox 控件显示其效果。

操作步骤

1. 新建项目"Chp9_2"。在 Form1 窗体上依次添加 ToolStrip 控件、RichTextBox 控件、PictureBox 控件、Button 控件、OpenFileDialog 控件、SaveFileDialog 控件、FontDialog 控件和 ColorDialog 控件,如图 9-8 所示,并修改控件的属性。

图 9-8 简历设计界面

2. 选择 ToolStrip 控件,设置其 Items 属性,添加 4 个 Button 项,分别设置其 Name 属性为"OpenToolStripButton"、"SaveToolStripButton"、"FontToolStripButton"和"ColorToolStripButton"。4 个 Button 项的 Image 属性分别为"open.bmp"、"save.bmp"、"font.bmp"和"color.bmp"。4 个 Button 项的 ToolTipText 属性分别为"打开图片"、"保存简历"、"设置字体"和"设置颜色"。设置完成后工具栏显示如图 9-9 所示。

图 9-9 工具栏显示

3. 选择 PictureBox 控件,设置其 SizeMode 属性为"StretchImage",可以将打开的图像拉伸,以便适合 PictureBox 的大小。设置其 BorderStyle 属性为"Fixed3D",用以指示该控件的边框样式。

4. 选择 RichTextBox 控件,设置其 Text 属性为"简历:",该控件用于设置简历。

5. 双击工具栏中第一个按钮,在其 OpenToolStripButton_Click()事件过程中输入如下代码:

```vb
    '用于打开对话框,选择图片后在 PictureBox 控件中显示
Dim StrFileName As String
OpenFileDialog1.Title = "导入照片"
OpenFileDialog1.FileName = ""
OpenFileDialog1.Filter = "All Image Files(*.gif;*.jpg;*.bmp)
                        |*.gif;*.jpg;*.bmp"
If OpenFileDialog1.ShowDialog() = Windows.Forms.DialogResult.OK Then
    StrFileName = Me.OpenFileDialog1.FileName
    PictureBox1.Image = Image.FromFile(StrFileName)
End If
```

6. 双击第 2 个按钮,在 SaveToolStripButton_Click()事件中输入如下代码:

```vb
    '将 RichTextBox 控件中的简历保存为 RTF 文件
Dim StrFileName As String
Me.SaveFileDialog1.Title = "导出简历"
Me.SaveFileDialog1.Filter = "Rich Text Format Files|*.rtf"
If Me.SaveFileDialog1.ShowDialog = Windows.Forms.DialogResult.OK Then
    StrFileName = Me.SaveFileDialog1.FileName
    RichTextBox1.SaveFile(StrFileName)
    MessageBox.Show("简历保存成功!文件在:" & StrFileName)
End If
```

7. 双击第 3 个按钮,在 FontToolStripButton_Click()事件中输入如下代码:

```vb
    '设置 RichTextBox 控件中所选择文本的字体格式
If FontDialog1.ShowDialog() = Windows.Forms.DialogResult.OK Then
    RichTextBox1.SelectionFont = FontDialog1.Font
End If
```

8. 双击第 4 个按钮,在 ColorToolStripButton_Click()事件中输入如下代码:

```vb
    '设置 RichTextBox 控件中简历的字体颜色
If ColorDialog1.ShowDialog() = Windows.Forms.DialogResult.OK Then
    RichTextBox1.SelectionColor = ColorDialog1.Color
End If
```

9. 启动程序运行,在窗体中可以显示和设置简历和照片信息,如图 9-10 所示。

图 9-10 简历

任务3　多文档窗体模板和状态栏的应用

操作任务　利用 MDI 父窗体模板和状态栏控件、Timer 控件实现学生管理系统主界面的设计。

操作方案　通过 MDI 窗体实现主界面的设计，通过 StatusStrip 控件向用户显示有关所查看的对象的信息，通过 Timer 控件在状态栏中显示系统时间。运行界面如图 9-11 所示。

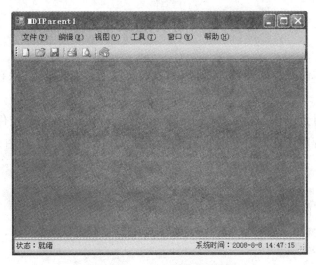

图 9-11　多文档窗体模板

操作步骤

1. 新建项目"Chp9_3"。

2. 利用模板创建 MDI 窗体：单击"项目"菜单，选择"添加 Windows 窗体"子菜单，然后选择"MDI 父窗体"，其默认名称为"MDIParent1.vb"，单击【添加】按钮。

3. 在"解决方案资源管理器"窗口中右击"Chp9_3"，选择"属性"，在"启动窗体"列表中选择"MDIParent1"，将该窗体作为默认启动的窗体。

4. 在 MDIParent1 窗口中，单击状态栏 StatusStrip 控件，设置其 Items 属性，添加一个 StatusLabel，用以添加一个状态文本框。其中"ToolStripStatusLabel"的 Text 属性为"状态：就绪"，TextAlign 属性为"MiddleLeft"，Spring 属性为"True"。"ToolStripStatusLabel1"的 Text 属性为"系统时间："，TextAlign 属性为"MiddleRight"，Spring 属性为"True"。

5. 添加一个 Timer 控件，设置其 Interval 属性为 1000，即每隔一秒执行一次事件。然后双击 Timer1，打开代码编辑窗口，在 Timer1_Tick() 事件过程中输入如下代码：

```
'在状态栏控件中每隔一秒显示一次系统时间
    Me.ToolStripStatusLabel1.Text = "系统时间：" + Now
```

6. 双击窗体，在窗体的 MDIParent1_Load() 事件过程中输入如下代码：

```
'系统时间的初始化和启动时钟
  Me.ToolStripStatusLabel1.Text = "系统时间：" + Now
    Me.Timer1.Start()
```

7. 启动程序运行，观察 MDI 父窗体的组成，以及状态栏中出现的信息。（本任务中 Form1 窗体无用）

任务4　简易的文本编辑器

操作任务　简单的文本处理软件，可以实现打开文件、文本录入、保存文件、打印文件等功能。

操作方案　通过菜单、工具栏、OpenFileDialog、SaveFileDialog 等控件的使用，创建一个简单文本编辑器。程序设计界面分别如图 9-12、图 9-13、图 9-14 和图 9-15 所示，运行界面如图 9-16 所示。

操作步骤

1. 新建项目，在窗体上添加下面的控件：

SaveFileDialog1，FontDialog1，MenuStrip1，ColorDialog1，OpenFileDialog1，ToolStrip1

并把其相应属性和快捷键设置好。

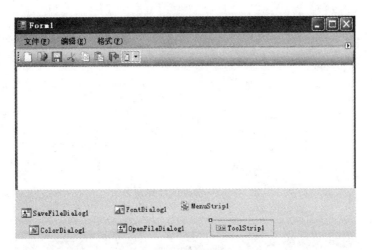

图 9-12　程序设计界面之一

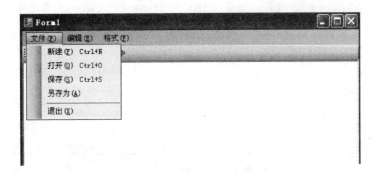

图 9-13　程序设计界面之二

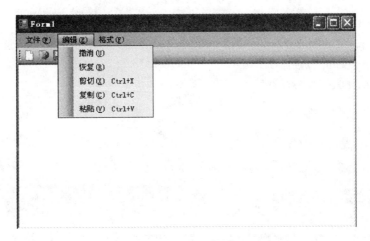

图 9-14　程序设计界面之三

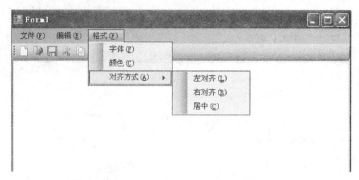

图 9-15 程序设计界面之四

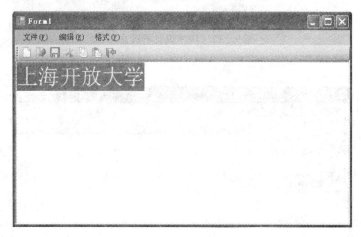

图 9-16 程序运行界面

2. 在控件相应事件下面添加代码,程序代码如下:

```
Imports System
Imports System.Collections.Generic
Imports System.ComponentModel
Imports System.Data
Imports System.Drawing
Imports System.Text
Imports System.Windows.Forms
Imports System.io
Public Class Form1
Private fileaddress As String = "c:\未命名.rtf"
Private Sub 新建 FToolStripMenuItem_Click(省略参数) ……
    Dim result As New Windows.Forms.DialogResult()
```

```
            If Me.RichTextBox1.Modified = True Then
                result = MessageBox.Show("文件" + Me.Text + "内容已更改,是否需要保
存?", "保存提示", MessageBoxButtons.YesNoCancel, MessageBoxIcon.Asterisk)
            End If
            If result = Windows.Forms.DialogResult.Yes Then
                Me.保存SToolStripMenuItem_click(sender, e)
            End If
            If result = Windows.Forms.DialogResult.Cancel Then
                Return
            End If
            Me.RichTextBox1.Clear()
            Me.Text = "未命名-文本编辑器"
            Me.RichTextBox1.Modified = False
    End Sub
    Private Sub 打开OToolStripMenuItem_Click(省略参数) ……
            Dim result As New Windows.Forms.DialogResult()
            If Me.RichTextBox1.Modified = True Then
                result = MessageBox.Show("文件" + Me.Text + "内容已更改,是否需要保
存?", "保存提示", MessageBoxButtons.YesNoCancel, MessageBoxIcon.Asterisk)
            End If
            If result = Windows.Forms.DialogResult.Yes Then
                Me.保存SToolStripMenuItem_click(sender, e)
            End If
            If result = Windows.Forms.DialogResult.Cancel Then
                Return
            End If
            Dim openfile1 As New OpenFileDialog()
            openfile1.DefaultExt = "*.rtf"
            openfile1.Filter = "*.rtf(*.rtf)|*.rtf|all file(*.*)|*.*"
            If openfile1.ShowDialog() = Windows.Forms.DialogResult.OK AndAlso open-
file1.FileName.Length > 0 Then
                Me.RichTextBox1.LoadFile(openfile1.FileName, RichTextBoxStream-
Type.RichText)
                Me.Text = Path.GetFileName(openfile1.FileName) + "-文本编辑器"
                fileaddress = openfile1.FileName
                Me.RichTextBox1.Modified = False
            End If
```

```
        End Sub
Private Sub 保存SToolStripMenuItem_Click(省略参数) ……
      If Me.Text = "未命名-文本编辑器" Then
              Dim savefiledialog1 As New SaveFileDialog()
              savefiledialog1.Title = "保存"
              savefiledialog1.FileName = "未命名.rtf"
              savefiledialog1.Filter = "rtf document(*.rtf)|*.rtf|all file(*.*)|*.*"
              savefiledialog1.DefaultExt = "*.rtf"
              If savefiledialog1.ShowDialog() = Windows.Forms.DialogResult.OK AndAlso savefiledialog1.FileName.Length > 0 Then
                    '实现保存
                    Me.RichTextBox1.SaveFile(savefiledialog1.FileName, RichTextBoxStreamType.RichText)
                    Me.RichTextBox1.Modified = False
                    Me.Text = Path.GetFileName(savefiledialog1.FileName) + "-文本编辑器"
                    fileaddress = savefiledialog1.FileName
              End If
        Else
                Me.RichTextBox1.SaveFile(fileaddress, RichTextBoxStreamType.RichText)
                Me.RichTextBox1.Modified = False
        End If
     End Sub
Private Sub 另存为AToolStripMenuItem_Click(省略参数) ……
       Dim savefiledialog1 As New SaveFileDialog()
         savefiledialog1.Title = "另存为"
         savefiledialog1.DefaultExt = "*.rtf"
         savefiledialog1.FileName = ""
         savefiledialog1.Filter = "text document(*.rtf)|*.rtf|all files(*.*)|*.*"
         If savefiledialog1.ShowDialog = Windows.Forms.DialogResult.OK AndAlso
              savefiledialog1.FileName.Length > 0 Then
              Me.RichTextBox1.SaveFile(savefiledialog1.FileName,
              RichTextBoxStreamType.RichText)
         End If
         fileaddress = savefiledialog1.FileName
End Sub
```

```vb
Private Sub 退出XToolStripMenuItem_Click(省略参数) ……
    Dim result As New Windows.Forms.DialogResult
    If Me.RichTextBox1.Modified = True Then
        result = MessageBox.Show("文件" + Me.Text + "内容已更改,是否需要保存?", "保存提示", MessageBoxButtons.YesNoCancel, MessageBoxIcon.Asterisk)
    End If
    If result = Windows.Forms.DialogResult.Yes Then
        Me.保存SToolStripMenuItem_Click(sender, e)
    ElseIf result = Windows.Forms.DialogResult.Cancel Then
        Return
    End If
    Application.Exit()
End Sub
Private Sub 撤销UToolStripMenuItem_Click(省略参数) ……
    Me.RichTextBox1.Undo()
End Sub
Private Sub 恢复RToolStripMenuItem_Click(省略参数) ……
    Me.RichTextBox1.Redo()
End Sub
Private Sub 剪切ToolStripMenuItem_Click(省略参数) ……
    Me.RichTextBox1.Cut()
End Sub
Private Sub 复制CToolStripMenuItem_Click(省略参数) ……
    Me.RichTextBox1.Copy()
End Sub
Private Sub 粘贴VToolStripMenuItem_Click(省略参数) ……
    Me.RichTextBox1.Paste()
End Sub
Private Sub 字体FToolStripMenuItem_Click(省略参数) ……
    Dim fontdialog1 As New FontDialog
    fontdialog1.ShowColor = True
    If fontdialog1.ShowDialog() <> Windows.Forms.DialogResult.Cancel Then
        Me.RichTextBox1.SelectionFont = fontdialog1.Font
        Me.RichTextBox1.SelectionColor = fontdialog1.Color
    End If
End Sub
Private Sub 颜色CToolStripMenuItem_Click(省略参数) ……
```

```
        Dim colordialog1 As New ColorDialog
        colordialog1.AllowFullOpen = False
        colordialog1.FullOpen = True
        colordialog1.AnyColor = True
        colordialog1.Color = Me.RichTextBox1.ForeColor
        colordialog1.ShowDialog()
        Me.RichTextBox1.SelectionColor = colordialog1.Color
End Sub
Private Sub 左对齐 LToolStripMenuItem_Click(省略参数)……
        Me.RichTextBox1.SelectionAlignment = HorizontalAlignment.Left
End Sub
Private Sub 右对齐 RToolStripMenuItem_Click(省略参数)……
        Me.RichTextBox1.SelectionAlignment = HorizontalAlignment.Right
End Sub
Private Sub 居中 CToolStripMenuItem_Click(省略参数)……
        Me.RichTextBox1.SelectionAlignment = HorizontalAlignment.Center
End Sub
Private Sub ToolStripButton1_Click(省略参数)……
        Me.新建 FToolStripMenuItem_Click(sender, e)
End Sub
Private Sub ToolStripButton2_Click(省略参数)……
        Me.打开 OToolStripMenuItem_Click(sender, e)
End Sub
Private Sub ToolStripButton3_Click(省略参数)……
        Me.保存 SToolStripMenuItem_Click(sender, e)
End Sub
Private Sub ToolStripButton4_Click(省略参数)……
        Me.剪切 ToolStripMenuItem_Click(sender, e)
End Sub
Private Sub ToolStripButton5_Click(省略参数)……
        Me.复制 CToolStripMenuItem_Click(sender, e)
End Sub
Private Sub ToolStripButton6_Click(省略参数)……
        Me.粘贴 VToolStripMenuItem_Click(sender, e)
End Sub
Private Sub ToolStripButton7_Click(省略参数)……
        Me.退出 XToolStripMenuItem_Click(sender, e)
End Sub
```

小　结

本章中您学习了：
- 多文档窗体(MDI 窗体)
- 状态栏控件(StatusStrip)
- 菜单控件(MenuStrip)
- 快捷菜单控件(ContextMenuStrip)
- 工具栏控件(ToolStrip)
- 对话框控件(OpenFileDialog，SaveFileDialog，FontDialog，ColorDialog)
- 计时器控件(Timer)
- 图片框控件(PictureBox)
- 窗体和控件的各种常用属性和方法的使用

自　学

实验 1　完成"字体演示"的界面设计(独立练习)

操作任务　设计"字体演示"窗体，该窗体通过对话框控件可以在 RichTextBox 控件中打开 RTF 格式的文档或将文本保存到 RTF 格式的文档中，同时还可以设置 RichTextBox 控件选择中文本的字体格式以及背景颜色。界面如图 9-17 所示。

图 9-17　字体演示

操作步骤(主要源程序)

1. "文件"菜单如图 9-18 所示。
2. "操作"菜单如图 9-19 所示。

图 9-18　"文件"菜单

图 9-19　"操作"菜单

3. "新建"菜单的功能:将 RichTextBox1 中的文本清空,并将控件的背景色设为白色。代码如下:

4. "导入文件"菜单功能:把 RTF 类型的文件导入到控件 RichTextBox1 中。代码如下:

5. "导出文件"菜单功能:把控件 RichTextBox1 中的内容导出到 RTF 类型或者其他类型的文件中。代码如下:

6. "设置"菜单功能:打开字体对话框,将字体对话框中的设置运用到控件 RichTextBox1 的所选文本中。代码如下:

第 9 章 界面设计

7. "背景"菜单功能：用于设置控件 RichTextBox1 的背景色。代码如下：

8. 工具栏上的 5 个按钮对应于 5 个菜单的功能。

实验 2　2008 年北京奥运会（独立练习）

操作任务　设计"2008 年北京奥运会"多文档界面，如图 9-20 所示。

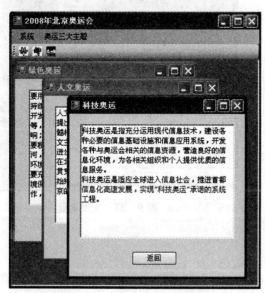

图 9-20　2008 年北京奥运会

图 9-21　主菜单

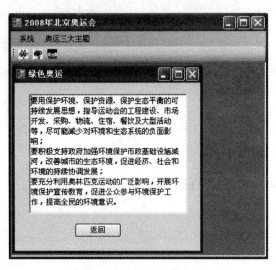

图9-22 绿色奥运

操作步骤（主要源程序）

1. 主菜单如图9-21所示。
2. "绿色奥运"菜单功能：打开子窗口"绿色奥运"，如图9-22所示。代码如下：

3. "人文奥运"菜单功能：打开子窗口"人文奥运"，如图9-23所示。代码如下：

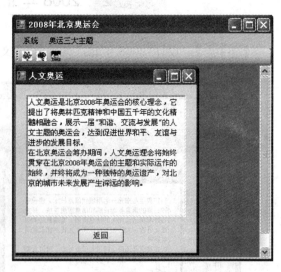

图9-23 人文奥运

第9章 界面设计

4. "科技奥运"菜单功能:打开子窗口"科技奥运",如图 9-20 所示。代码如下:

5. 工具栏上的 3 个按钮对应于 3 个菜单的功能。

6. 每个子窗体中都包括 RichTextBox 控件,用于显示相关奥运信息。按钮用于关闭该子窗体。

实验 3　车标图(独立练习)

操作任务　设计"车标图"程序,设计界面如图 9-24 所示。实现【打开】按钮功能为:选择一个图片装载在 PictureBox 控件中。右键出现快捷菜单,选择某个菜单将自动装载车标图。

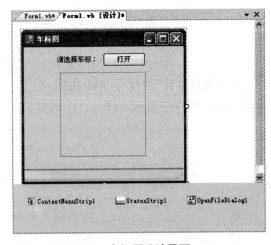

图 9-24　车标图设计界面

图 9-25　快捷菜单

操作步骤(主要源程序)

1. 快捷菜单如图 9-25 所示。
2. 【打开】按钮功能:显示打开文件对话框,选择某一 JPEG 格式的文件后,在窗体的 PictureBox 控件中显示该图片,同时在 StatusStrip 控件中显示文件路径。代码如下:

3. "法拉利"快捷菜单的功能:在 PictureBox 控件中显示"法拉利.jpg"图片,并在 StatusStrip 控件中显示文件名。代码如下:

4. "凯迪拉克"快捷菜单的功能:在 PictureBox 控件中显示"凯迪拉克.jpg"图片,并在 StatusStrip 控件中显示文件名。代码如下:

5. "兰博基尼"快捷菜单的功能:在 PictureBox 控件中显示"兰博基尼.jpg"图片,并在 StatusStrip 控件中显示文件名。代码如下:

第9章 界面设计

实验4　用 Timer 控件,实现窗体标题内容来回移动(独立练习)

操作任务　设计"标题栏内容来回移动"程序,设计界面如图 9-26 所示。程序开始运行时,窗体标题栏内容来回移动,运行界面如图 9-27 所示。

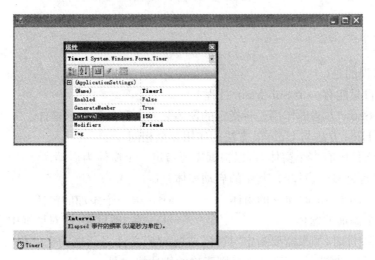

图 9-26　设计界面

图 9-27　运行界面

操作步骤(主要源程序)

习 题

选择题

1. 以下叙述错误的是（   ）。
   A．一个项目只能有一个 Sub Main 过程
   B．窗体的 Show 方法的作用是将指定的窗体装入内存并显示该窗体
   C．窗体的 Hide 方法与 Unload 方法的作用完全相同
   D．若项目文件中有多个窗体，可以根据需要指定一个窗体为启动窗体

2. 当一个项目含有多个窗体时，其中的启动窗体是（   ）。
   A．启动 Visual Basic 时建立的窗体　　　B．第一个添加的窗体
   C．最后一个添加的窗体　　　　　　　　D．在"项目属性"对话框中指定的窗体

3. 在用对话框控件时，如果需要指定"打开"或"保存"文件对话框的文件列表框所列出的文件类型是文本文件（即 .TXT 文件），则正确的描述格式是（   ）。
   A．"text(＊.txt)｜(＊.txt)"　　　　　　B．"文本文件(＊.txt)｜(.txt)"
   C．"text(.txt)｜｜(＊.txt)"　　　　　　D．"text(.txt)(＊.txt)"

4. 在"打开"文件对话框中，若只想获得选定文件的文件名，则应该使用（   ）属性。
   A．FileName　　　B．Filter　　　C．Title　　　D．SafeFileName

5. 要使 PictureBox 控件能够自动调整大小以显示整幅图像，应该设置其（   ）属性。
   A．Image　　　B．SizeMode　　　C．BorderStyle　　　D．Locked

6. Timer 控件的 Interval 属性以（   ）为单位指定 Timer 事件之间的时间间隔。
   A．分　　　B．秒　　　C．毫秒　　　D．微秒

7. 界面设计的原则不包括（   ）。
   A．用户至上　　　　　　　　　　　　　B．界面元素的一致性
   C．简单性　　　　　　　　　　　　　　D．色彩的丰富性与多样性

8. 在设计菜单时，若希望某个菜单项前面有一个""号，应把该菜单项的（   ）属性设置为 True。
   A．Checked　　　B．RadioCheck　　　C．ShowShortcut　　　D．Enabled

9. 可通过设计 MDI 子窗体的（   ）属性来指定该子窗体的 MDI 父窗体。
   A．ActiveMdiChild　　　B．IsMdiChild　　　C．MdiChildren　　　D．MdiParent

10. 在下列（   ）事件中可以获取用户按下的键的 ASCII 码。
    A．KeyPress　　　B．KeyUp　　　C．KeyDown　　　D．MouseEnter

第 10 章 文件访问技术

通过本章你将学会：

- 创建和读取顺序文件的方法
- IO.File 的简单使用
- My.Computer.FileSystem 对象的使用
- Write 函数和 WriteLine 函数
- StreamReader 类和 StreamWrite 类

创建和读取顺序文件

1. 创建顺序文件

文件相对路径：

Filename = Application.StartupPath() + "\test.txt"

Application.StartupPath()表示 VB.net 获取程序运行路径的方法。

创建顺序文件的方法：

Dim sw As IO.StreamWriter = IO.File.CreateText(filename)

其中 sw 是一个变量名。这个过程称为打开输出文件，它建立了程序和磁盘驱动器之间的通信链接，将以数据储存在磁盘上，允许程序输出数据并存储在指定的文件中。

在 VB.NET 2005 中，文件处理一般需要 3 个步骤：首先打开文件，然后进行文件的读/写操作，最后关闭文件。一个文件必须打开后才能进行读/写处理。把内存中的数据输出到外部存储设备（如硬盘、磁盘等）的操作称为写操作；把文件中的数据传输到内存中的操作称为读操作。文件处理之后要关闭文件，以免因误操作而丢失文件数据。

使用 WriteLine 方法将数据放入到文件中的一个新行：

sw.WriteLine("welcome")

该语句将信息写入到文件中的一个新行。

所有数据都写入到文件中后，执行

sw.Close()

该语句断开与文件的通信链接并释放内存中的空间。

2. 读取顺序文件

读取顺序文件的方法：

Dim sr As IO.StreamReader = IO.File.OpenText(filename)

使用 ReadLine 方法将数据读出文件的一行：

sr.ReadLine

配合循环结构,可以读出整个文件:

```
Do While sr. Peek <> -1
    Loop
```

 IO. File 的简单使用

向顺序文件中添加条目的方法:

```
Dim sr As IO. StreamWriter = IO. File. AppendText(filename)
```

判断文件是否存在的方法:

```
IO. File. Exists(filename)
```

 My. Computer. FileSystem 对象的使用

VB. NET 2005 还提供了新的 My. Computer. FileSystem 对象,它提供了可简化文件 I/O 的访问方法和属性。

(1) 用 My. Computer. FileSystem 对象读取文件内容:

      My. Computer. FileSystem. ReadAllText(FileName)

(2) 用 My. Computer. FileSystem 对象将字符串保存到文件中:

  My. Computer. FileSystem. WriteAllText(filename, Me. TextBox1. Text, True)

 文件系统类

文件系统类主要包括 Directory 类、File 类等,通过这些类进行文件夹和文件的程序设计。要使用这些与 IO 有关的类,必须引入 System. IO 命名空间,即在程序代码最开头引用下面的语句:

```
Imports System. IO
```

1. StreamReader 类

StreamReader 类能够实现对基础数据流的读操作,从而实现对经过基础数据流传送来的数据。如表 10-1 所示。

表 10-1 StreamReader 类

方法	说明
Close	关闭 StreamReader,并释放与阅读器关联的所有系统资源
DiscardBufferedData	允许 StreamReader 丢弃其当前数据

续 表

方法	说 明
Peek	返回下一个可用的字符,但不使用它
Read	读取输入流中的下一个字符或下一组字符
ReadBlock	从当前流中读取最大数量的字符,并从索引开始将该数据写入缓冲区
ReadLine	从当前流中读取一行字符,并将数据作为字符串返回
ReadToEnd	从流的当前位置到末尾读取流

2. StreamWriter 类

StreamWriter 类能够实现对基础数据流的写操作,从而实现提供基础数据流来传送数据。如表 10-2 所示。

表 10-2 StreamWriter 类

方法	说 明
Close	关闭当前的 StreamWriter 和基础流
Flush	清理当前编写器的所有缓冲区,并使所有缓冲数据写入基础流
Write	写入基础数据流
WriteLine	写入重载参数指定的某些数据,后跟行结束符

例 定义一个过程,将一行文本写入文件。

```
Sub WriteTextToFile()
    Dim file as new system.io.streamwriter("c:\test.txt")
    file.writeline("here is the first line.")
    file.close()
End Sub
```

例 定义一个过程,将文件中的文本读取到一个字符串变量中,然后将该文本写到控制台。

```
Sub ReadTextFromFile()
    dim file as new system.io.streamreader("c:\test.txt")
    dim words as string=file.readtoend()
    console.writeline(words)
    file.close()
End Sub
```

例 定义一个过程,向现有文件添加文本。

```
Sub AppendTextToFile()
    Dim file As New System.IO.StreamWriter("c:\test.txt", True)
    file.WriteLine("here is another line.")
    file.Close()
End Sub
```

例 定义一个过程,每一次从文件中读取一行,并将每行文本打印到控制台。

```
Sub ReadTextLinesFromFile()
    dim file as new system.io.streamreader("c:\test.txt")
    dim oneline as string
    oneline=file.readline()
    while(oneline<>"")
        console.writeline(oneline)
        oneline=file.readline()
    end while
    file.close()
End Sub
```

例 编写一个程序,用 SaveFileDialog 提示用户指定一个文件,用于保存 TextBox1 的内容。(提示:创建一个基于 FileStream 的 StreamReader 对象,然后调用 Write 方法把需要保存的 Text 写入文件。并在窗体上添加一个 TextBox 控件和一个 SaveFileDialog 控件。)

```
SaveFileDialog1.Filter = "Text Files|*.txt|All Files|*.*"
SaveFileDialog1.FilterIndex = 0
If SaveFileDialog1.ShowDialog = Windows.Forms.DialogResult.OK Then
    Dim FS As IO.FileStream = SaveFileDialog1.OpenFile
    Dim SW As New IO.StreamWriter(FS)
    SW.Write(TextBox1.Text)
    SW.Close()
    FS.Close()
End If
```

VB.NET 2005 读写文本文件还可以这样操作:采用类似的语句读取一个文本文件,并把内容显示在 TextBox 控件中。StreamReader 的 ReadToEnd 方法返回文件的全部内容。(提示:在窗体上添加一个 TextBox 控件和一个 OpenFileDialog 控件。)

```
OpenFileDialog1.Filter = "Text Files|*.txt|All Files|*.*"
OpenFileDialog1.FilterIndex = 0
If OpenFileDialog1.ShowDialog = Windows.Forms.DialogResult.OK Then
Dim FS As IO.FileStream
FS = OpenFileDialog1.OpenFile
Dim SR As New IO.StreamReader(FS)
TextBox1.Text = SR.ReadToEnd
SR.Close()
FS.Close()
End If
```

Directory 类

Directory 类主要是执行对文件夹的操作,包括文件夹的创建、移动、删除和获取子目录等。可对静态的成员直接进行访问,无需类的实例。其常用方法如下:

(1) CreateDirectory 创建目录对象,如果当前路径下存在要创建的目录,则不创建。格式为

```
IO.Directory.CreateDirectory(path as string)
```

例

```
IO.directory.createdirectory("c:\text")      '表示在 C 盘根目录下创建了一个 Text 文件夹
```

(2) Delete 删除目录,格式为

```
IO.Directory.Delete(path as string)
```

例

```
IO.directory.Delete ("c:\text")              '如果有子目录或文件则无法删除
IO.directory.Delete ("c:\text",true)         '连同子目录和文件一同删除
```

(3) CreateDirectory 创建目录对象时,首先判断当前路径下是否存在要创建的目录:如果存在,给出提示信息;如果不存在,也给出提示信息并创建目录。格式为

```
IO.Directory.Exists(path as string)
```

例

```
If IO.directory.Exists("c:\text") then
  MessageBox.Show("text 目录存在")
Else
  MessageBox.Show("text 目录不存在")
  IO.directory.createdirectory("c:\text")
End If
```

通常,同一内容使用不同的编码方式保存文件会影响文件的尺寸大小。在.NET,StreamWriter 类实现一个 TextWrite,使其以一种特定的编码向文件流中写入字符。StreamWriter 默认使用 UTF8Encoding 的实例,除非指定了其他编码。构造 UTF8Encoding 的这个实例,使得 Encoding.GetPreamble()方法返回以 UTF-8 格式编写的 Unicode 字节顺序标记。当不再向现有流中追加时,编码的报头将被添加到流中,这表示使用 StreamWriter 创建的所有文本文件都将在其开头有 3 个字节顺序标记。UTF-8 可以正确处理所有 Unicode 字符,并在操作系统的本地化版本上产生一致的结果。常用的字符编码包括 ANSI,Unicode,UTF32,UTF7,UTF8,Default(由操作系统配置决定)。

 助　学

任务 1　简易记事本(顺序文件存取方法)

操作任务　编写一个简易记事本,如图 10-1 所示。

操作方案　此记事本可以打开已经存在的文本文件,也可以把文本框中的内容存为文件形式。

操作步骤

1. 新建项目。在窗体上放置一个 TextBox 控件、3 个 Button 控件、一个 OpenFileDialog 控件和一个 SaveFileDialog 控件,并完成属性设置。

2.【打开】按钮代码如下:

图 10-1　简易记事本

```vb
Private Sub Button1_Click(……(省略参数)) Handles Button1.Click
    Dim line, FileName As String
    Dim sr As IO.StreamReader
    Me.OpenFileDialog1.Filter = "Text File| * . txt"
    If Me.OpenFileDialog1.ShowDialog = Windows.Forms.DialogResult.OK _
        Then
        FileName = Me.OpenFileDialog1.FileName
        sr = IO.File.OpenText(FileName)
        Me.TextBox1.Clear()
        Do While (sr.Peek <> -1)
            line = sr.ReadLine
            Me.TextBox1.Text += line + Chr(10) + Chr(13)
        Loop
        sr.Close()
    End If
End Sub
```

3. 【保存】按钮代码如下：

```vb
Private Sub Button2_Click(……(省略参数)) Handles Button2.Click
    Dim sw As IO.StreamWriter
    Dim filename As String
    Dim i As Integer
    Me.SaveFileDialog1.Filter = "Text File| * . txt"
    If Me.SaveFileDialog1.ShowDialog = Windows.Forms.DialogResult.OK Then
        filename = Me.SaveFileDialog1.FileName
        sw = IO.File.CreateText(filename)
        For i = 0 To Me.TextBox1.Lines.Length - 1
            sw.WriteLine(Me.TextBox1.Lines(i))
        Next
        sw.Close()
        MessageBox.Show("写入成功")
    End If
End Sub
```

任务 2　简易记事本(My. Computer. FileSystem 对象)

操作任务　编写一个简易记事本,如图 10-1 所示。

操作方案　记事本功能与任务 1 相同,但要使用 My. Computer. FileSystem 对象来实现。

操作步骤

1. 新建项目。在窗体上放置一个 TextBox 控件、3 个 Button 控件、一个 OpenFileDialog 控件和一个 SaveFileDialog 控件,并完成属性设置。

2. 【打开】按钮代码如下:

```
Private Sub Button1_Click(……(省略参数)) Handles Button1.Click
    Dim FileName As String
    Me.OpenFileDialog1.Filter = "Text File| * .txt"
    If Me.OpenFileDialog1.ShowDialog = Windows.Forms.DialogResult.OK Then
        FileName = Me.OpenFileDialog1.FileName
        Me.TextBox1.Text = My.Computer.FileSystem.ReadAllText(FileName)
    End If
End Sub
```

3. 【保存】按钮代码如下:

```
Private Sub Button2_Click(……(省略参数)) Handles Button2.Click
    Dim filename As String
    Me.SaveFileDialog1.Filter = "Text File| * .txt"
    If Me.SaveFileDialog1.ShowDialog = Windows.Forms.DialogResult.OK Then
        filename = Me.SaveFileDialog1.FileName
        My.Computer.FileSystem.WriteAllText(filename, Me.TextBox1.Text, True)
    End If
End Sub
```

任务 3　将窗口中的内容写入文件并实现查询

图 10-2　添加学生信息

操作任务　将窗口中的姓名和学号存入指定文件(姓名存储 1 行,学号存储 1 行),并能根据输入的姓名查询该生的学号(目前不考虑重名的情况)。界面如图 10-2 所示。

操作方案 信息存入文件并不困难,因为前面的两个任务都有此功能。关键是如何实现查询?初步分析只能用顺序文件读取方法实现查询。输入姓名,单击【查询学号】按钮,如果查询到,则在学号文本框中显示对应的学号;如果查询不到,给出提示。

操作步骤

1. 新建项目。界面上添加控件,并设置有关属性。
2. 定义模块级变量:

```
Dim filename As String = Application.StartupPath + "\name_num.txt"
```

3. Displaynum 函数代码如下:

```
Sub displaynum()
    Dim name As String = ""
    Dim num As String
    Me.txtnum.Clear()
    Dim sr As StreamReader = File.OpenText(filename)
    Do While (name <> Me.txtname.Text) And (sr.Peek <> -1)
        name = sr.ReadLine
        num = sr.ReadLine
    Loop
    If name = Me.txtname.Text Then
        MessageBox.Show(name & "的学号是" & num.ToString, "查找完毕")
        Me.txtnum.Text = num
    Else
        MessageBox.Show(name & "不在文件中", "查找不到")
    End If
    sr.Close()
End Sub
```

4. 【添加信息】按钮代码如下:

```
Private Sub Button1_Click(……(省略参数)) Handles Button1.Click
    If (Me.txtname.Text <> "") And (Me.txtnum.Text <> "") Then
        My.Computer.FileSystem.WriteAllText(filename, Me.txtname.Text _
            & Chr(13) & Chr(10), True)
        My.Computer.FileSystem.WriteAllText(filename, Me.txtnum.Text _
            & Chr(13) & Chr(10), True)
        Me.txtname.Clear()
        Me.txtnum.Clear()
        Me.txtname.Focus()
```

```
        Else
            MessageBox.Show("请填写姓名和学号", MessageBox.ShowStyle.OkOnly, "信息不完整")
        End If
End Sub
```

5. 【查询学号】按钮代码如下：

```
Private Sub Button2_Click(……(省略参数)) Handles Button2.Click
    If Me.txtname.Text <> "" Then
        If File.Exists(filename) Then
            displaynum()
        Else
            MessageBox.Show("文件不存在", "无法查询")
        End If
    Else
        MessageBox.Show("请输入要查找的姓名", "信息不完整")
    End If
    Me.txtname.Focus()
End Sub
```

小　　结

本章中您学习了：
- ◆ 创建和读取顺序文件的方法
- ◆ My.Computer.FileSystem 对象简单使用
- ◆ 判断文件是否存在
- ◆ Write 函数和 WriteLine 函数的应用
- ◆ StreamReader 类和 StreamWrite 类的应用

自　　学

实验 1　登录日志

操作任务　编写用户登录界面，如图 10-3 所示。正确的教师用户名为：Teacher，密码为:456。正确的学生用户名为:Student,密码为:123。每次单击【确定】按钮,都向日志文件log.txt写入登录信息(包括登录时间、登录角色、是否成功等)。日志文件如图10-4所示。

图10-3 登录界面

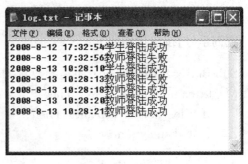

图10-4 日志文件

操作步骤(主要源程序)

实验2 Write函数和WriteLine函数的应用

操作任务 建立一个窗体,窗体上有两个按钮,分别显示为"写数据"和"退出"。当单击【写数据】按钮时,从键盘上输入4个学生的数据,并把它们存放在d磁盘上的文件students.txt中,其中每个学生的数据包括姓名、性别、出生日期和录取成绩。(提示:根据题目要求可知,要先把用户从键盘输入的数据保存在变量中,然后通过写入函数把数据写入文件。)对于每位学生的信息,可以用4个变量分别保存,也可以通过其他方法

图10-5 初始界面

保存。出生日期输入格式可与"♯1982-2-18♯"相类似,程序设计界面如图 10-5 所示,用记事本打开文件时如图 10-6 所示。

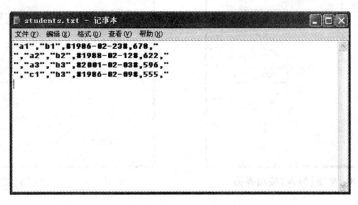

图 10-6　用记事本打开 students.txt 文件界面

操作步骤（主要源程序）

实验 3　StreamReader 和 StreamWriter 类访问文件的应用

操作任务　创建一个如图 10-7 所示的窗体。单击【导入】按钮,可以把在文本框中输入的内容写到用户指定的文件中;单击【读出】按钮,可以读出用户指定文件中的数据,并在文本框中显示。单击【导入】按钮界面,如图 10-8 所示;单击"导出"按钮界面,如图 10-9 所示。

图 10-7　登录界面

图 10-8　单击【导入】按钮界面

图 10-9　单击【读出】按钮界面

（主要源程序）

习　题

选择题：

1. 在传统的文件处理中，关于随机文件，下列的（　　）说法是错误的。
   A．随机文件的记录是定长的
   B．记录可以包含一个或多个字段，一种标准类型的数据也可以充当一条记录
   C．对随机文件可以根据记录号进行读写，可读也可写
   D．可用 Input 函数和 Print 函数进行随机文件的读写

2. 下列的（　　）类主要用来读取文本文件。
   A．StreamReader　　B．StreamWrite　　C．BinaryReader　　D．BinaryWrite

3. 使用 StremReader 类的（　　）方法可返回下一个要读取的字符，如果没有更多的可用字符，则返回值为－1。
   A．Seek　　　　　　B．Peek　　　　　　C．Read　　　　　　D．Next

4. My.Computer.FileSystem 对象不能实现的功能（　　）。
   A．读写文件　　　　　　　　　　　　　B．复制、删除文件和文件夹
   C．格式化硬盘　　　　　　　　　　　　D．判断文件或文件夹是否存在

第 11 章 简单数据库编程

通过本章你将学会：

- Access2003 的简单使用
- VB.NET 2005 访问 Access2003 数据库
- 代码方式查询数据库中某张表的所有记录
- 代码方式向数据库中某张表内添加记录
- 文本框绑定数据库某张表
- DataGridView 绑定数据库某张表
- 常用的 SQL 语句

数据库的一些基本概念

1. 数据

数据是客观事物的反映和记录,是用以载荷信息的物理符号。数据不等同于数字,包括数值型数据和非数值型数据两类。

2. 信息

信息是指有意义的数据,即在数据上定义的有意义的描述。

3. 数据处理

数据处理就是将数据转换为信息的过程。数据处理包括数据的收集、整理、存储、加工、分类、维护、排序、检索和传输等一系列活动。

4. 数据库

数据库是数据库系统的核心,是被管理的对象。

5. 数据库管理系统

数据库管理系统(DataBaseManagementSystem,DBMS)负责对数据库进行管理和维护,是数据库系统的主要软件系统,也是管理的部门。它借助于操作系统实现对数据的存储管理。

一般来说,DBMS 应包括如下几个功能:
(1) 数据定义语言(DDL):用来描述和定义数据库中各种数据及数据之间的联系;
(2) 数据管理语言(DML):用来对数据库中的数据进行插入、查找、修改和删除等操作;
(3) 数据控制语言(DCL):用来完成系统控制、数据完整性控制及并发控制等操作。

6. 数据库系统

数据库系统实际上是一个应用系统,它由数据库、数据库管理系统、用户和计算机系统组成。

数据库是数据库系统操作的对象。

数据库管理系统是数据库系统负责对数据进行管理的软件系统。

用户是指使用数据库的人员。数据库系统中的用户有终端用户、应用程序员和数据库管理员。

第 11 章　简单数据库编程

计算机系统是指存储数据库及运行 DBMS 的软、硬件资源,如操作系统和磁盘、I/O 通道等。

  常用的数据库管理系统

常用的数据库管理系统有:FoxPro,Access,MS SQL,Oracle,MySQL,Sybase,Informix,DB2 等。Microsoft Visual Studio 2005 自带 MS SQL 2005 Express 数据库,把 VB 和 SQL 进行有机整合,但是 MS SQL 本身较为复杂,有专门课程学习,所以为了简单起见,本课程的实例中只是连接简单数据库 Access2003。

1. 数据库的核心是表(二维表)

从用户角度,关系模型中数据的逻辑结构是一张二维表,即每一个关系都是一张二维表,一个关系数据库中根据记录数据的复杂程度不同,可以包含一张或者多张二维表。

首先需要定义表的字段(Field),包括字段名、类型、大小、规则等,然后可以向表中添加记录(Record),类似于 Excel 格式。

2. 数据库的四大操作

对于数据表的四大操作主要是选择、添加、修改和删除,其对应的 SQL 命令关键字分别为:Select,Insert,Update 和 Delete。

  VB.NET 2005 通过 ADO.NET2.0 访问各类数据库

ADO.NET2.0 提供了许多类,其中包括 5 个核心对象:Connection 对象、Command 对象、DataReader 对象、DataSet 对象和 DataAdapter 对象。

  Connection 对象

Connection 对象建立与数据源的连接,它相当于在 VB.NET 2005 和数据库之间架起一座桥。

1. 常用属性简介

Connection 对象支持许多属性,可以利用这些属性来操作当前的连接状态或者获取一些基本的 Connection 对象的信息。有一些属性是只读的,而另一些属性是可读写的。

(1) Attributes 属性:Attributes 属性设置或返回一个整型值,它用来指示对象的一项或多项特性。对于 Connection 对象,Attributes 属性为读/写。

(2) CommandTimeout 属性:CommandTimeout 属性设置或返回长整型值,该值指示等待命令执行的时间(单位为秒)。默许值为 30,指示在终止尝试和产生错误之前执行命令期间需要等待的时间。

使用 Connection 对象或 Command 上的 CommandTimeout 属性,允许由于网络拥塞或服务器负载过重产生的延迟而取消 Execute 方法调用。如果在 CommandTimeout 属性中设置的时间间隔内没有完成命令执行,将产生错误,然后 ADO 将取消该命令。如果该属性设置为零,ADO 将无限期等待直到命令执行完毕。

(3) ConnectionString 属性:ConnectionString 属性设置或返回字符串值,这个字符串值包含用来建立到数据源的连接的信息。

使用 ConnectionString 属性,通过传递包含一系列由分号分隔的 argument=value 语句的详细连接字符串可指定数据源。ADO 支持 ConnectionString 属性的 4 个参数,任何其他参数将直接传递到提供者而不经过 ADO 处理。

(4) ConnectionTimeout 属性:ConnectionTimeout 属性设置或返回指示等待连接打开的时间的长整型值(单位为秒)。其默认值为 15,指示在终止尝试和产生错误前建立连接期间所等待的时间。

如果由于网络拥塞或服务器负载过重导致的延迟使得必须放弃连接尝试时,请使用 Connection 对象的 ConnectionTimeout 属性。如果打开连接前所经过的时间超过 ConnectionTimeout 属性上设置的时间,将产生错误并且 ADO 将取消该尝试。如果将该属性设置为零,ADO 将无限等待直到连接打开,也就是 Open 方法执行的时间。

(5) DefaultDatabase 属性:DefaultDatabase 属性可设置或返回指定 Connection 对象上默认数据库的名称。

(6) IsolationLevel 属性:IsolationLevel 属性指出 Connection 对象如何处理对象。

(7) Mode 属性:Mode 属性设置或返回以下某个 ConnectModeEnum 的值,指示用于更改在 Connection 中的数据的可用权限。

(8) Provider 属性:Provider 属性指出当前数据提供者的名字,或者是使用 Open() 方法时没有指定名字的情况下所使用的提供者名。

但是,调用 Open 方法时如果在多处指定提供者可能会产生无法预料的后果。如果没有指定提供者,该属性将默认为 MSDASQL(Microsoft OLE DB Provider for ODBC)。

(9) State 属性:State 属性对所有可应用对象都可用,它用来说明其对象状态是打开或关闭的。可以随时使用 State 属性来确定指定对象的当前状态。该属性是只读的,并返回长整型值。

2. 常用方法简介

Connection 对象的方法用来管理事务、执行命令、打开和关闭连接。需要注意的是,ADO 对象所支持的方法是独立于当前所使用的数据源的。例如一个 OLE DB 数据源不必支持 OLE DB 规范的全部功能。

(1) Open 方法:Open 方法打开一个数据源的连接。它的语法如下:

```
connection.Open ConnectionString,UserID,Password,OpenOptions
```

参数说明如下:

① ConnectionString:这是一个可选的字符串,它包含了连接信息;

② UserID:可选的字符串,它包含了建立连接时所使用的用户名称;
③ Password:可选的字符串,它包含了建立连接时所使用的密码;
④ OpenOptions:可选的字符串,它包含了建立连接时所使用的连接方式。

(2) Close 方法:Close 方法关闭一个数据源的连接。在关闭的同时,此连接所使用的任何资源都会被释放。它的语法如下:

```
Object. Close
```

(3) Execute 方法:Execute 方法用来执行查询或由数据源支持的其他命令,并且返回一个 RecordSet 对象。它的语法如下:

```
Set recordset=connection. Execute(CommandText,Recordsaffected,Options)
```

参数说明如下:
① CommandText:这是一个包含要执行的 SQL 语句、表名、存储过程或特定提供者的文本的字符串;
② RecordsAffected:这是一个可选的长整型变量,提供者向其返回操作所影响的记录数目;
③ Options:可选的长整型变量,指示提供者应如何为 CommandText 参数赋值。

Command 对象

对数据源执行命令。包括基本的 Select,Insert,Update 和 Delete 4 条命令。根据所用的.NET 数据提供程序的不同,Command 对象也分成 4 种,分别是 SqlCommand,OleDbCommand,OdbcCommand 和 OracleCommand。SQL 数据程序对应的是 SqlCommand 对象。Command 对象的主要属性和方法如表 11-1 所示。

表 11-1 Command 对象的属性和方法

类别	名称	说明
属性	CommandText	获取或设置对数据库执行的 SQL 语句
	Connection	获取或设置此 Command 对象使用的 Connection 对象的名称
方法	ExecuteNonQuery	执行 SQL 语句并返回受影响的行数
	ExecuteReader	执行查询语句,返回 DataReader 对象
	ExecuteScalar	执行查询,返回结果集中在第一行的第一列

DataReader 对象

从数据源中读取只进且只读的数据流。它的执行效率很高。如果利用 Command 对象所执行的命令是有传回数据的 Select 叙述,此时 Command 对象会自动产生一个 DataReader 对象。DataReader 是写 VB.NET 2005 程序的"好朋友",因为我们常常会将数据源的数据取出后显示给使用者,这时就可以使用 DataReader 对象。可以在执行 Execute 方法时传入一个 DataReader 型态的变量来接收。DataReader 对象单纯地一次只读取一笔记录,而且是只读,所以效率很好而且可以降低网络负载。由于 Command 对象会自动产生 DataReader 对象,所以只要宣告一个指到 DataReader 对象的变量来接收即可,并不需要使用 New 运算子来产生;另外要注意的是 DataReader 对象只能配合 Command 对象使用,而且 DataReader 对象在操作时 Connection 对象保持联机的状态。

当将 DataReader 对象传入 Execute 方法后,就可以使用 DataReader 对象来读取数据了。

 DataSet 对象

数据集用来临时存储数据,相当于是 VB.NET 2005 的临时数据库,里面包含很多对象,功能十分强大。

ADO.NET 是.Net FrameWork SDK 中用以操作数据库的类库的总称。而 DataSet 类则是 ADO.NET 中最核心的成员之一,也是各种开发基于.Net 平台程序语言开发数据库应用程序最常接触的类。DataSet 类在 ADO.NET 中之所以具有特殊的地位,是因为 DataSet 在 ADO.NET 实现从数据库抽取数据中起到关键作用,在从数据库完成数据抽取后,DataSet 就是数据的存放地,它是各种数据源中的数据在计算机内存中映射成的缓存,所以有时说 DataSet 可以看成一个数据容器。同时它在客户端实现读取、更新数据库等过程中起到了中间部件的作用(DataReader 只能检索数据库中的数据)。

各种.Net 平台开发语言在开发数据库应用程序时,一般并不直接对数据库操作(直接在程序中调用存储过程等除外),而是先完成数据连接和通过数据适配器填充 DataSet 对象,然后客户端再通过读取 DataSet 来获得需要的数据,同样更新数据库中数据,也是首先更新 DataSet,然后再通过 DataSet 来更新数据库中对应的数据的。可见了解、掌握 ADO.NET,首先必须了解、掌握 DataSet。DataSet 主要有以下 3 个特性:

(1) 独立性。DataSet 独立于各种数据源。微软公司在推出 DataSet 时就考虑到各种数据源的多样性和复杂性,在.Net 中无论什么类型数据源,它都会提供一致的关系编程模型,而这就是 DataSet。

(2) 离线(断开)和连接。DataSet 既可以以离线方式,也可以以实时连接来操作数据库中的数据。这一点有点像 ADO 中的 RecordSet。

(3) DataSet 对象是一个可以用 XML 形式表示的数据视图,是一种数据关系视图。

 DataAdapter 对象

DataAdapter 对象是数据适配器,用于数据源填充 DataSet 并解析更新。通俗地讲,数据适配器相当于是在桥梁上运动的卡车,负责把数据从数据库中运输到 DataSet 中(读取数据),也能从 DataSet 中运输数据到数据库中(存盘,存入到数据库中)。

DataAdapter 对象可以建立并初始化数据表（即 DataTable），对数据源执行 SQL 指令，与 DataSet 对象结合，提供 DataSet 对象存取数据，可视为 DataSet 对象的操作核心，是 DataSet 对象与数据操作对象之间的沟通媒介。DataAdapter 对象可以隐藏 Connection 对象与 Command 对象沟通的数据，可允许用 DataSet 对象存取数据源。其主要的工作流程如下：

由 Connection 对象建立与数据源联机，DataAdapter 对象经由 Command 对象操作 SQL 指令以存取数据，存取的数据通过 Connection 对象返回给 DataAdapter 对象，DataAdapter 对象将数据放入其所产生的 DataTable 对象，将 DataAdapter 对象中的 DataTable 对象加入到 DataSet 对象中的 DataTables 对象中。

格式如下：

> Dim 变量名称 As OLEDBDataAdapter
> 变量名称＝New OLEDBDataAdapter("SQL 字符串",Connection 对象名称)

使用技巧：

DataAdapter 对象中的 Fill 方法可打开数据库，并可利用其所附属的 Command 对象操作 SQL 指令，并将结果保存给 DataSet 对象。其格式为：

> DataAdapter 对象名称.Fill(DataSet 对象名称,DataTable 对象名称)

DataAdapter 对象基本上是在 Command 对象的基础上建立的对象，以非连接的模式处理数据的连接，即在需要存取时才会连接数据库。DataAdapter 对象包含以下几种命令：

（1）DeleteCommand：取得或设置从数据源删除记录的 SQL 命令；
（2）InsertCommand：取得或设置从数据源新增记录的 SQL 命令；
（3）SelectCommand：取得或设置从数据源查询记录的 SQL 命令；
（4）UpdateCommand：取得或设置从数据源更新记录的 SQL 命令。

打开并连接数据库后，通过 DataAdapter 对象与 DataSet 对象将数据表中的数据取出，并将结果显示出来。

 数据库的访问

VB. NET 2005 可以通过代码方式（在代码中定义数据库访问对象，并直接使用）访问数据库，也可以通过控件方式（在窗口中添加数据库访问控件，这些都是隐式控件）访问数据库，这两种方法各有千秋。

 常用的 SQL 语句

编写一个好的数据库应用程序，除了要使用 VB. NET 2005 所提供的组件外，还要经常使用数据库查询语言 SQL。SQL 是结构化查询语言（Structure Query Language）的英文缩写，可以对数据库中的数据进行组织、管理和检索。SQL 是一个非程序语言，使用 SQL 语言通常不需要指定对数据的存取方法,而只是关心得到什么结果。SQL语言的语句个数很少,学起来比较容易。

最常用的 SQL 语句如表 11-2 所示。

表 11-2 常用的 SQL 语句

SQL 语句	说 明
SELECT	从一个或多个表中挑选记录
INSERT	向一个表中插入一条记录
UPDATE	在一个表中修改一条或多条记录
DELETE	从一个表中删除一条或多条记录

助 学

任务 1 创建 Access2003 数据库

操作任务 创建 Access 数据库 Student.mdb(学生管理系统,第12章综合实例使用该数据库),同时创建1张 CourseInfor 表(课程表)。

操作方案 建议使用 Access2003 版本(安装 Office2003 就可以了),数据库名为:Student.mdb,课程表 CourseInfor 的结构如表 11-3 所示。

表 11-3 CourseInfor 的结构

字段名	类型	大小	备注
编号	自动编号		主键
CourseNo	文本	10	课程号
CourseName	文本	30	课程名称
Xuefen	数字	单精度	学分
TeacherName	文本	50	教师姓名
BookName	文本	50	教材名称

操作步骤

1. 选择菜单:开始→程序→Microsoft Office→Microsoft Office Access 2003,主界面上单击菜单:文件→新建,右边任务窗口中选择"空数据库",选择文件保存路径,文件名文本框中输入"Student",单击【创建】按钮即可,如图 11-1 所示。

图 11-1 新建 Student.mdb 数据库

2. 单击工具条上"设计"图标,依次输入字段名:CourseNo,CourseName,Xuefen,TeacherName 和 BookName,对应修改每个字段的类型和大小。("编号"字段可以先不添加,右面会自动添加。)

3. 单击"存盘"菜单,输入表名"CourseInfor",单击【确定】。

4. 出现如图 11-2 所示的提示框,单击【是】按钮,系统将自动增加一个"编号"字段,并设置为主键。

图 11-2 提示建立表的主键

5. 关闭表设计界面。双击 CourseInfor,表示打开 CourseInfor 表,可以适当增加一些记录以便后面使用,增加完毕,直接关闭,系统自动存盘。

任务 2　用 DataReader 读取 CourseInfor 表中记录(代码方式)

操作任务　读取 Student.mdb 数据库中 CourseInfor 表内的所有记录,并显示在文本框中,如图 11-3 所示。

图 11-3 DataReader 读取 CourseInfor 表中记录

操作方案 添加一个模块级变量 MyConn,用来连接数据库。在窗体 Load 事件中连接数据库,如果连接成功,程序继续;如果失败,则终止程序运行。窗体中添加一个【读取数据】按钮,下面有一个文本框。程序执行后,单击【读取数据】按钮,能从 CourseInfor 表中读取字段名称和所有记录,程序关闭,需要断开数据库连接。

操作步骤

1. 创建项目 Chp11_2,存盘。将 Student.mdb 文件拷贝到 Chp11_2\bin\Debug 文件夹下。
2. 添加按钮和文本框(Multilines 属性设置为 True)。
3. 申明模块级对象 MyConn,连接 Access 数据库需要使用 OleDb 类,所以它的类型为 OleDb.OleDbConnection。代码如下:

```
Public myConn As OleDb.OleDbConnection = New OleDb.OleDbConnection
```

4. 窗体 Load 事件中连接数据库,如果连接失败,本程序没有运行的必要,所以直接退出。代码如下:

```
Private Sub Form1_Load(……(省略参数)) Handles MyBase.Load
    Dim StrConn As String
    StrConn = "Provider=Microsoft.Jet.OLEDB.4.0;Data Source=Student.mdb"
    myConn.ConnectionString = StrConn
    Try
        myConn.Open()
    Catch ex As Exception
        MessageBox.Show(ex.Message)
        Application.Exit()
    End Try
    MessageBox.Show("数据库连接成功!")
End Sub
```

5.【读取数据】按钮 Click 事件是核心部分,用 OleDbCommand 对象执行查询命令,执行结果放在 OleDbDataReader 对象中,然后再读取字段名称和所有记录。代码如下:

```
Private Sub Button1_Click(……(省略参数)) Handles Button1.Click
    Dim myCmd As OleDb.OleDbCommand
    myCmd = New OleDb.OleDbCommand("select * from CourseInfor", myConn)
    Dim myReader As OleDb.OleDbDataReader = myCmd.ExecuteReader()
    Dim i As Integer, strTmp As String
    strTmp = ""
    For i = 0 To myReader.FieldCount - 1
        strTmp = strTmp & myReader.GetName(i) & ","
    Next
    TextBox1.Text = "课程信息表中包含下列字段:" & Chr(13) & Chr(10)
    TextBox1.Text = TextBox1.Text & strTmp & Chr(13) & Chr(10)
    While myReader.Read
        strTmp = ""
        For i = 0 To myReader.FieldCount - 1
            strTmp = strTmp & myReader.GetValue(i).ToString & ","
        Next
        TextBox1.Text = TextBox1.Text & strTmp & Chr(13) & Chr(10)
    End While
End Sub
```

6. 窗体 FormClosed 事件中需要关闭数据库的连接。代码如下:

```
Private Sub Form1_FormClosed(……(省略参数)) Handles Me.FormClosed
    myConn.Close()
End Sub
```

任务3　向 CourseInfor 表中添加记录(代码方式)

操作任务　通过文本框向 CourseInfor 表添加记录,如图 11-4 所示。

操作方案　CourseInfor 表中有 6 个字段,第 1 个字段是自动编号,所以只要增加 5 个文本框,1 个【添加】按钮,1 个【退出】按钮。

操作步骤

1. 创建项目 Chp11_3,存盘。将 Student.mdb 文件拷贝到 Chp11_3\bin\Debug 文件夹下。

图 11-4 向 CourseInfor 表中添加记录

2. 本任务和前面的任务 2 有很多相同之处，只有【添加】按钮事件不同，其他完全一致，大家可以参照任务 2 的代码，这里不再赘述。【添加】按钮代码如下：

```
Private Sub Button1_Click(……(省略参数)) Handles Button1.Click
    If TextBox1.Text = "" Then
        MessageBox.Show("课程号不能为空!")
        Exit Sub
    End If
    If TextBox2.Text = "" Then
        MessageBox.Show("课程名称不能为空!")
        Exit Sub
    End If
    If TextBox3.Text = "" Then
        MessageBox.Show("学分不能为空!")
        Exit Sub
    End If
    Dim StrInsertSQL As String
    Dim myCmd As OleDb.OleDbCommand = New OleDb.OleDbCommand
    StrInsertSQL = "Insert into CourseInfor " + _
"(CourseNo,CourseName,Xuefen,TeacherName,BookName) values("
    StrInsertSQL = StrInsertSQL & "" & TextBox1.Text & ","
    StrInsertSQL = StrInsertSQL & "" & TextBox2.Text & ","
    StrInsertSQL = StrInsertSQL & TextBox3.Text & ","
    StrInsertSQL = StrInsertSQL & "" & TextBox4.Text & ","
    StrInsertSQL = StrInsertSQL & "" & TextBox5.Text & ")"
```

```
        myCmd.Connection = myConn
        myCmd.CommandText = StrInsertSQL
        Try
            myCmd.ExecuteNonQuery()
        Catch ex As Exception
            MessageBox.Show(ex.Message)
            Exit Sub
        End Try
        MessageBox.Show("记录添加成功!")
End Sub
```

任务 4　用 DataGridView 控件访问 CourseInfor 表

操作任务　VB.NET 2005 提供了 DataGridView 控件,这个控件能装载一个二维表数据,表现形式和数据库表差不多。同时借助于 BindingNavigato 控件,可以对 CourseInfor 表进行查看、添加、修改和删除。如图 11-5 所示。

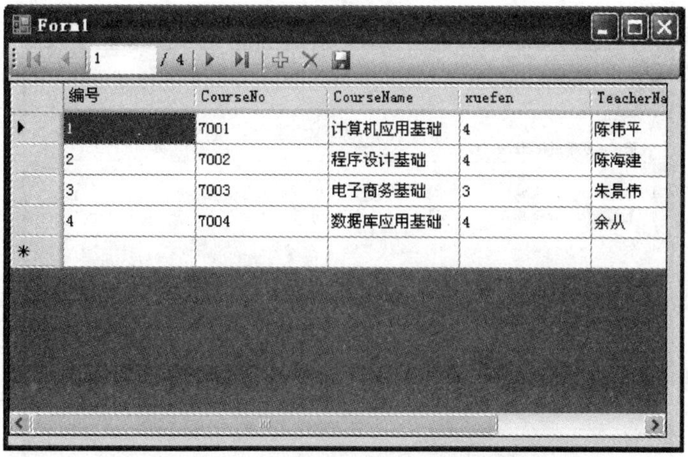

图 11-5　文本框绑定 CourseInfor 表

操作方案　前两个任务是用代码实现数据库的访问,代码较多,比较复杂。其实 VB.NET 2005 提供了很多功能强大、使用方便的数据库访问控件,而且 VB.NET 2005 操作数据库的方法也非常简单。本任务看上去很复杂,其实实现起来相当简单,而且不用手工写一句代码(系统会自动产生一些代码)。

操作步骤

1. 创建项目 Chp11_4,存盘。
2. 打开"数据源"窗口,方法为单击菜单"数据→显示数据源",如图 11-6 所示。
3. 在"数据源"窗口上单击"新数据源"超链接,如图 11-7 所示。

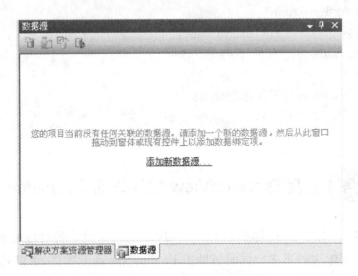

图 11-6 "数据源"窗口初始界面

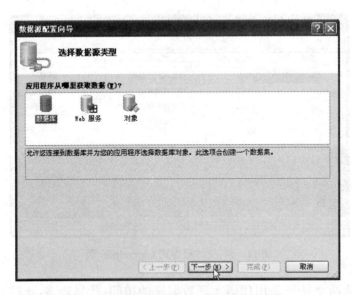

图 11-7 添加数据源时,选择数据源类型

4. 在"选择数据源类型"界面上,选择"数据库",单击【下一步】,出现如图 11-8 所示的界面。由于是第一次配置数据源,所以界面上的下拉框是空(如果前面已经配置过,可以从下拉框中适当选择)。

第 11 章　简单数据库编程

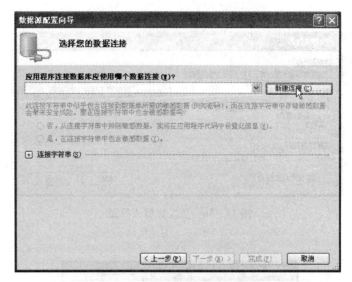

图 11-8　"选择您的数据连接"

5. 单击【新建连接】按钮，出现如图 11-9 所示的界面。VB.NET 2005 默认连接 MS SQL 2005 Express，单击【更改】按钮，进入如图 11-10 所示的界面。选择第一个"Microsoft Access 数据库文件"，下面有个"始终使用此选择"复选框，如果一直连接 Access 数据库，可以选中，最后单击【确定】按钮，回到如图 11-11 所示的界面。此界面发生变化，因为现在是连接 Access 数据库，在下面的文本框中选中 Student.mdb 所在的路径（本任务不需要把 Student.mdb 拷贝到指定路径，只要在此界面选中 Student.mdb 的路径即可，接下来 VB.NET 2005 将自动拷贝 Student.mdb 到源程序路径下），最后单击【确定】按钮。

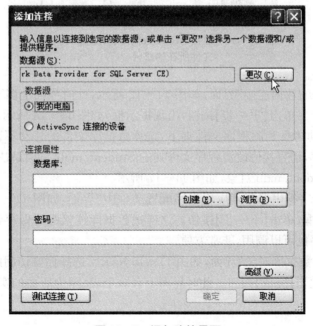

图 11-9　添加连接界面

237

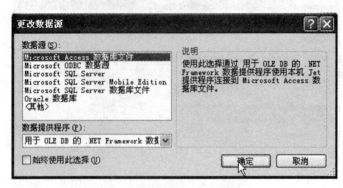

图 11-10　更改数据源界面

图 11-11　连接 Access 数据库,并选择 Access
　　　　　文件所在的路径

6. 回到"选择您的数据连接"界面,如图 11-12 所示,此时界面上多了一个选项,系统默认自动选择这个连接。单击【下一步】按钮,出现提示框,如图 11-13 所示。选择【是】按钮,表示将数据库文件自动拷贝到源程序文件夹下,这样数据库文件的移动不影响本项目的运行。如果需要修改数据库,请直接修改源程序文件夹的 Student.mdb,同时解决方案资源管理器界面上也多了一个 Student.mdb 对象,如图 11-17 所示。

7. 出现"将连接字符串保存到应用程序配置文件中"界面,如图 11-14 所示。选中"是,将连接保存为"复选框,单击【下一步】按钮。这样把数据库连接配置保存到全局变量中,本项目中其他界面或程序也可以调用,非常方便。

8. 接着是"选择数据库对象"界面,如图 11-15 所示。选择你要访问的表或视图,这里选择 CourseInfor 表,单击【完成】按钮。此时界面上有 3 个表(因为后面的实验已经做过),实际操作时只有 1 个表。

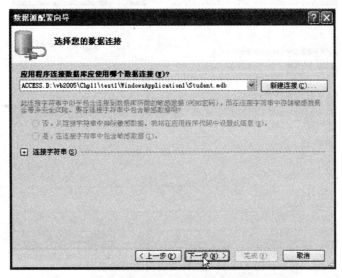

图 11-12 新建连接后的"选择您的数据连接"界面

图 11-13 数据文件复制提示

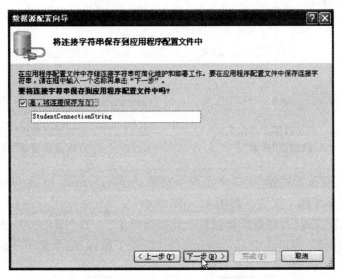

图 11-14 将数据库连接字符串保存到应用程序配置文件中

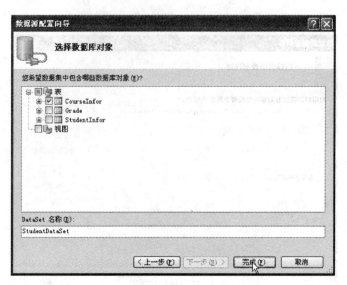

图 11-15　选择要访问的表或视图

9. 数据源配置成功,如图 11-16 所示。StudentDataSet 是数据集,相当于 VB. NET 2005 的一个临时数据库,可以存放多个表、视图、关系等。可以创建多个数据源连接。

图 11-16　添加数据库连接后的　　　　图 11-17　添加数据库连接后的"解决
　　　　　　"数据源"界面　　　　　　　　　　　　　　方案资源管理"界面

10. "解决方案资源管理器"窗口多了两个对象:Student. mdb 和 StudentDataSet. xsd,意味着项目文件夹下多了两个文件。如图 11-17 所示。

11. 数据源配置完成后,接着添加控件就非常简单了。VB. NET 2005 提供鼠标拖动一次成型的功能:在"数据源"窗口选中 CourseInfor,然后按下鼠标,拖动到 Form1 窗口中释放,适当调整控件位置就大功告成了。

12. 最后"启动调试",很直观地看到 CourseInfor 表中所有记录,并可以进行添加、修改和删除记录。

注意 界面上记录修改存盘后,请及时打开 Chp11_3\bin\Debug\Student.mdb 文件进行查看。因为每次执行"启动调试"时,系统都自动把项目文件夹下的 Student.mdb 文件拷贝到 Chp11_3\bin\Debug 文件夹下。存盘只是修改 Chp11_3\bin\Debug\Student.mdb 文件。

任务5　用文本框绑定 CourseInfor 表

操作任务　用文本框绑定 CourseInfor 表,可以对 CourseInfor 表进行查看、添加、修改和删除。如图 11-18 所示。

操作方案　文本框也可以绑定数据表,但是一个文本框只能绑定一个字段。CourseInfor 表有 6 个字段,所以需要 6 个文本框来显示 CourseInfor 表中的 6 个字段。这 6 个字段在同一时间只能显示一条记录,所以在这样的环境下,导航很有必要。一般导航有 4 个按钮:第一条记录、前一条记录、后一条记录和最后一条记录;有两个显示框:一个显示总共有多少条记录,另一个显示当前记录号。

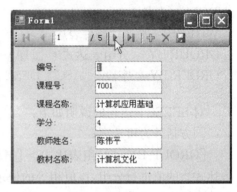

图 11-18　用文本框绑定 CourseInfor 表

操作步骤

1. 本任务和前面的任务 4 在步骤上有相同之处,与任务 4 的步骤 1 至步骤 10 完全相同,这里不再赘述。

2. 在"数据源"界面上,单击 CourseInfor,出现快捷菜单,如图 11-19 所示,选择"详细信息"。

3. 在"数据源"窗口选中 CourseInfor,然后按下鼠标,拖动到 Form1 窗口中释放,如图 11-20 所示,最后修改 Label 中显示的内容。

图 11-19　修改 CourseInfor 表的表现方式　　图 11-20　CourseInfor 表拖到窗口中

任务6　最常用的 SQL 语句分析及应用举例

1. SELECT 语句

SELECT 语句如下：

```
SELECT [ ALL | DISTICT ] <字段表达式 1[,<字段表达式 2[,…]
FROM <表名 1>,<表名 2>[,…]
[WHERE <筛选择条件表达式>]
[GROUP BY <分组表达式> [HAVING<分组条件表达式>]]
[ORDER BY <字段>[ASC | DESC]]
```

对 SELECT 语句的说明如下：

[ ]方括号为可选项；

[GROUP BY <分组表达式> [HAVING<分组条件表达式>]]是指将结果按<分组表达式>的值进行分组,该值相等的记录为一组,带【HAVING】短语则只有满足指定条件的组才会输出；

[ORDER BY <字段>[ASC | DESC]]显示结果要按<字段>值升序或降序进行排序。

注意　以下例题中用到的 4 个表的字段名如表 11 - 4 所示。

表 11 - 4　例 1 至例 9 中使用的 4 个表的字段名

成绩表字段名(chengji)	学生表字段名(xuesheng)	班级表字段名(banji)	科目表字段名(kemu)
xuehao	xuehao	banjibianhao	kemumingcheng
xingming	xingming	banjimingcheng	kemubianhao
kemubianhao	xingbie		
kemufenshu	banji		
banjimingcheng	nianling		
id	dianhua		
	zhuzhi		

例 1　查询 xuesheng 表中所有学生的学号和名字。

```
SELECT xuehao, xingming　FROM xuesheng
```

例 2　从 xuesheng 表中查找所有女生的信息。

```
SELECT * FROM xuesheng WHERE xingbie='女'
```

例3 在 xuesheng 表中查找所有姓王的学生的学号、姓名和所在班级信息。

```
SELECT xuehao, xingming, banji FROM xuesheng WHERE xingming like'王%'
```

例4 在 chengji 表中查找课程编号为 0103,并且班级是 2012 级计算机一班的学生的学号、姓名和成绩。

```
SELECT xuehao, xingming, kemufenxhu FROM chengji WHERE kemubianhao='0103' AND
banjimingchen='2012级计算机一班'
```

例5 求出 xuesheng 表中 banji 字段和各个班级的人数总和。

```
SELECT banji, count(*) FROM xuesheng GROUP BY banji HAVING count(*)>1
```

例6 将例2查询到的记录按 xuehao 由小到大排列。

```
SELECT * FROM xuesheng WHERE xingbie='女' ORDER BY xuehao
```

2. UPDATE 语句

UPDATE 语句如下:

```
UPDATE 数据表的名称
SET 字段名1=表达式1(或直接设置值),字段名2=表达式2,…
[WHERE  数据更新条件(同 SELECT 语句中 WHERE 的条件类似)]
```

例7 将数据表 xuesheng.db 中 xuehao 为"20120222"的这条记录的 nianling 字段的值"16"修改为"17"。

```
UPDATE xuesheng SET nianling='16' WHERE xuehao='20120222'
```

3. INSERT 语句

INSERT 语句如下:

```
INSERT INTO 数据表的名称(字段名称1,字段名称2,字段名称3,…)
VALUES(数值1,数值2,数值3,…)
```

例8 在数据表 xuesheng.db 中添加一个记录,其 xuehao 为"20120123";xingming 为"李四";xingbie 为"男";banji 为"2012级计算机一班";nianling 为"20";dianhua 为"66668888";zhuzhi 为"电大路10号"。

INSERT INTO xuesheng(xuehao, xingming, nianling, xingbie, banji, dianhua, zhuzhi)
VALUES('20120123','李四','20','男','2012级计算机一班','66668888','电大路10号')

4. DELETE 语句

DELETE 语句如下：

DELETE　FROM 数据表的名称
WHERE 数据删除条件(同 SELECT 语句中 WHERE 的条件)

例9　删除数据表 xuesheng.db 中 xuehao 为"20120222"的记录。

DELETE FROM xuesheng WHERE xuehao='20120222'

小　　结

本章中您学习了：
- ◆ 创建 Access 数据库,创建表,添加表的记录
- ◆ VB.NET 2005 用代码访问数据库
- ◆ VB.NET 2005 用控件访问数据库
- ◆ 常用的 SQL 语句

自　学

实验1　在 Student.mdb 数据库中添加 StudentInfor 和 Grade 表(独立练习)

操作任务　在 Student.mdb 数据库中添加 StudentInfor 和 Grade 表,并适当增加一些记录。StudentInfor 表用来记录学生信息,结构如表 11-5 所示。

表 11-5　StudentInfor 表

字段名	类型	大小	备注
编号	自动编号		主键

续　表

字段名	类型	大小	备注
StudentNo	文本	15	学号
StudentName	文本	50	姓名
Field3	文本	50	性别
Field4	文本	50	学历
Field5	文本	50	
Field6	文本	50	
Field7	文本	50	
Field8	文本	50	
Field9	文本	50	
Field10	文本	50	
Field11	文本	50	
Field12	文本	50	
Field13	文本	50	
Field14	文本	50	
Field15	文本	50	

Grade 表用来记录学生每门课程的成绩,结构如表 11-6 所示。添加记录时注意 StudentNo 和 CourseNo 字段的内容。

表 11-6　Grade 表

字段名	类型	大小	备注
编号	自动编号		主键
StudentNo	文本	15	外键
CourseNo	文本	10	外键
Grade	数字	单精度	

操作步骤(主要源程序)

实验 2　用文本框绑定 StudentInfor(独立练习)

图 11-21　StudentInfor 表的记录

操作任务　用文本框绑定 StudentInfor 表,可以对其进行查看、添加、修改和删除,如图 11-21 所示。

操作步骤(主要源程序)

实验 3　根据学号选择，查询该生所有课程的成绩

操作任务　窗体有一个下拉框，装载所有学生的学号。用户选择不同的学号，下面的 DataGridView 控件显示该学生所有课程的成绩，如图 11-22 所示。

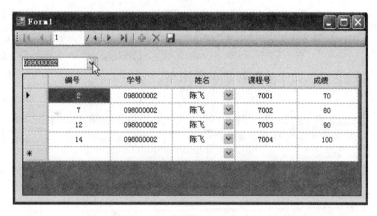

图 11-22　选择学号，显示该生所有课程的成绩

操作步骤（主要源程序）

习 题

选择题：

1. 与 Microsoft SQL2000 数据库连接，一般采用 ADO．NET 中（　　）对象连接。
   A．DataAdapter B．OleCommand C．SqlConnect D．DataSet
2. ADO．NET 中记录集的显示是通过 DataAdapter 对象的（　　）方法填充记录集。
   A．Select B．Fill C．Update D．Delete
3. ADO．NET 中通过（　　）对象保存当前数据集。
   A．Connect B．Command C．DataAdapter D．DataSet
4. ADO．NET 中通过 DataAdapter 对象的（　　）方法更新数据库。
   A．Select B．Fill C．Update D．Delete

第 12 章　综合实例

通过本章你将学会：

- 定义全局变量
- 复习 VB.NET 2005 语言基础、流程控制
- 复习数组和过程
- 复习基本常用控件和高级控件
- 学习 MaskedTextBox，ToolTip，ErrorProvider，HScrollBar，VScrollBar 等
- 学习图片处理
- 文件和数据库的使用
- 运用前面所学的知识，搭建一个综合实例平台简易版

导　学

通过本课程的学习,学生能够运用 VB. NET 2005 开发一个简易的"学生管理系统"。本案例运用到的知识点,前面都已经讲过,这里进行合并与整合。

VB. NET 2005 用来开发各类系统。任何一个系统都离不开数据存储,现在流行的方式是把数据存储在数据库中,所以"VB. NET 2005＋数据库"是用来开发管理系统的典范。数据库有关课程将是我们的后续课程。

本案例既是对前面所学知识的小结,又为学生开发各类管理系统提供一个简易模板。学生可以在此基础上进一步深入学习,走向程序开发之路。

助　学

任务　新建"学生管理系统"项目

操作任务　新建"学生管理系统"项目,包括登录界面、主界面、学生基本信息录入界面、管理学生信息界面和关于界面。本系统分教师权限和学生权限。

操作方案　需要创建多个界面,启动界面为登录界面。定义全局变量 Login_role 用来表示登录角色;全局变量 ConnString 用来表示数据库连接字符串。学生基本信息录入界面中,信息可以存为 RTF 格式、TXT 格式或者存入数据库中。管理学生信息界面只有教师才能访问,用 DataGridView 控件访问 StudentInfor 表。使用的数据库是第 11 章所创建的 Student. mdb。

操作步骤

1. 创建"Student"项目。

2. 在"数据源"界面中添加 Student. mdb 数据库,至少需要查询 StudentInfor 表,具体方法参见第 11 章。

3. 将 Form1 改为 FrmLogin,界面如图 12－1 所示。具体可以参见第 10 章实验 1。

4.【确定】按钮代码如下:

图 12－1　登录界面

```
Private Sub Button1_Click(……(省略参数)) Handles Button1.Click
    If Me.RadioButtonTeacher.Checked = True Then
        If Me.TB_UID.Text = "Teacher" And Me.TB_PWD.Text = "123" Then
            FrmMain.Show()
            Login_role = "Teacher"
            Me.Close()
        Else
            MessageBox.Show("教师用户名或密码错误,请重新输入!")
        End If
    End If
    If Me.RadioButtonStudent.Checked = True Then
        If Me.TB_UID.Text = "Student" And Me.TB_PWD.Text = "123" Then
            FrmMain.Show()
            Login_role = "Student"
            Me.Close()
        Else
            MessageBox.Show("学生用户名或密码错误,请重新输入!")
        End If
    End If
End Sub
```

5. 本任务中登录用户名和密码是固定的,写在代码中。请同学们思考如何用数据库的方式来判断用户名和密码的正确性。

6. 主界面如图12-2所示。"系统"菜单中只有"退出"菜单;"视图"、"窗口"和"帮助"菜单都是自动生成的。状态栏右边有系统时间显示。主界面中主要代码如下:

```
Private Sub ExitToolsStripMenuItem_Click(ByVal sender As Object, ByVal e As EventArgs) Handles ExitToolStripMenuItem.Click
    Application.Exit()
End Sub
Private Sub AboutToolStripMenuItem_Click(ByVal sender As System.Object, ByVal e As System.EventArgs) Handles AboutToolStripMenuItem.Click
    Dim f As FrmAbout = New FrmAbout
    f.MdiParent = Me
    f.Show()
End Sub
Private Sub FrmMain_Load(ByVal sender As System.Object, ByVal e As System.EventArgs) Handles MyBase.Load
```

```
        Me.ToolStripStatusLabel1.Text = "系统时间:" + Format(Now, "yyyy 年 mm 月
dd 日 hh:mm:ss")
        Me.Timer1.Start()
End Sub
Private Sub Timer1_Tick(ByVal sender As System.Object, ByVal e As System.Even-
tArgs) Handles Timer1.Tick
        Me.ToolStripStatusLabel1.Text = "系统时间:" + Format(Now, "yyyy 年 mm 月
dd 日 hh:mm:ss")
End Sub
Private Sub InputStudentToolStripMenuItem_Click(ByVal sender As System.Object, By-
Val e As System.EventArgs) Handles InputStudentToolStripMenuItem.Click
        Dim f As FrmInputStudent = New FrmInputStudent
        f.MdiParent = Me
        f.Show()
End Sub
Private Sub ManageStudentToolStripMenuItem_Click(ByVal sender As System.Object,
ByVal e As System.EventArgs) Handles ManageStudentToolStripMenuItem.Click
        If Login_role = "Student" Then
            MessageBox.Show("学生身份不能运行这个模块!")
            Exit Sub
        End If
        Dim f As FrmManageStudent = New FrmManageStudent
        f.MdiParent = Me
        f.Show()
End Sub
```

注意 有些代码需要等后面窗口建好才能正确无误。

7. 学生基本信息录入界面如图 12-3 所示。在学号、姓名和身份证号等控件上使用录入提示和错误提示,学号为 9 位或者 13 位,姓名不能为空,身份证号为 15 位或者 18 位。生日采用 MaskedTextBox 控件。入学时间采用 DateTimePicker 控件。双击 PictureBox 控件,选择该学生的图片,然后将图片拷贝到系统目录下,并以学号重新命名。下面是一个 RichTextBox 控件,当修改上面任何控件时都影响到 RichTextBox(可以用函数来实现),右键 RichTextBox 控件有快捷菜单(字体和颜色),修改 RichTextBox 上选择文本的字体和颜色。水平滚动条用来调整体重,垂直滚动条用来调整身高。"保存(RTF 格式)"直接调用 RichTextBox 控件的保存函数;"保存(TXT 格式)"将学生信息追加到当前路径下的 Record.txt 文件中;"保存(数据库)"将学生信息添加到 Student.mdb 数据库 StudentInfor 表中。

第 12 章 综合实例

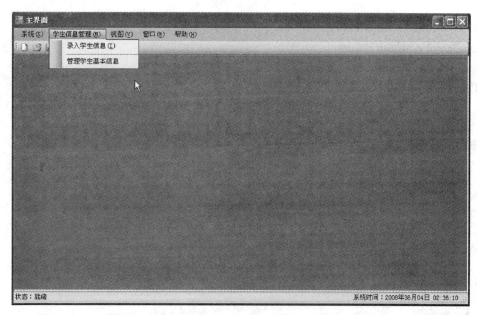

图 12-2 主界面

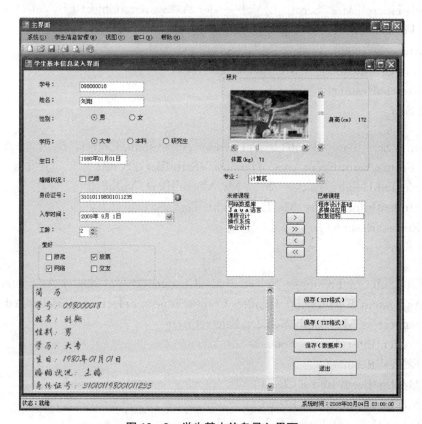

图 12-3 学生基本信息录入界面

8. 学生基本信息录入界面中主要代码如下：

```vb
Imports System.Data.SqlClient
Public Class FrmInputStudent
    Dim Hobby, Subject, Major As String
    Dim StudentInfor(15) As String

Private Sub FrmInputStudent_Load(ByVal sender As System.Object, ByVal e As System.EventArgs) Handles MyBase.Load
    Me.RichTextBox1.ContextMenuStrip = Me.ContextMenuStrip1
    StudentInfor(3) = Me.RBSexMale.Text
    StudentInfor(4) = Me.RBDaZhuan.Text
    StudentInfor(6) = "未婚"
    StudentInfor(12) = Me.LabHeight.Text '身高
    StudentInfor(13) = Mc.LabWeight.Text '体重
    Me.ToolTip1.SetToolTip(Me.TBStudentNO, "请输入位或者位的学号")
End Sub

Private Sub HScrollBar1_Scroll(ByVal sender As System.Object, ByVal e As System.Windows.Forms.ScrollEventArgs) Handles HScrollBar1.Scroll
    Me.LabWeight.Text = Me.HScrollBar1.Value
    StudentInfor(12) = Me.LabWeight.Text
    RefreshResume()
End Sub

Private Sub VScrollBar1_Scroll(ByVal sender As System.Object, ByVal e As System.Windows.Forms.ScrollEventArgs) Handles VScrollBar1.Scroll
    Me.LabHeight.Text = 250 - Me.VScrollBar1.Value
    StudentInfor(13) = Me.LabHeight.Text
    RefreshResume()
End Sub

Private Sub ComboSubject_SelectedIndexChanged(ByVal sender As System.Object, ByVal e As System.EventArgs) Handles ComboSubject.SelectedIndexChanged
    Subject = Me.ComboSubject.SelectedItem
    StudentInfor(14) = Subject
    RefreshResume()
    Me.ListBox1.Items.Clear()
    Me.ListBox2.Items.Clear()
    Select Case Me.ComboSubject.SelectedItem
        Case "计算机"
            Me.ListBox1.Items.Add("程序设计基础")
```

```
            Me.ListBox1.Items.Add("网络数据库")
            Me.ListBox1.Items.Add("Java 语言")
            Me.ListBox1.Items.Add("数据结构")
            Me.ListBox1.Items.Add("多媒体应用")
            Me.ListBox1.Items.Add("课程设计")
            Me.ListBox1.Items.Add("操作系统")
            Me.ListBox1.Items.Add("毕业设计")
        Case "英语"
            Me.ListBox1.Items.Add("英语阅读")
            Me.ListBox1.Items.Add("英语听力")
            Me.ListBox1.Items.Add("泛读")
            Me.ListBox1.Items.Add("美国文化")
            Me.ListBox1.Items.Add("英语经贸会话")
            Me.ListBox1.Items.Add("口语")
            Me.ListBox1.Items.Add("语法")
            Me.ListBox1.Items.Add("毕业作业")
        Case "工商管理"
            Me.ListBox1.Items.Add("企业分析")
            Me.ListBox1.Items.Add("企业文化")
            Me.ListBox1.Items.Add("人力资源管理")
            Me.ListBox1.Items.Add("市场调查与预测")
            Me.ListBox1.Items.Add("市场营销")
            Me.ListBox1.Items.Add("现代管理思潮")
            Me.ListBox1.Items.Add("专业英语")
            Me.ListBox1.Items.Add("毕业作业")
        Case "物流管理"
            Me.ListBox1.Items.Add("物流信息管理")
            Me.ListBox1.Items.Add("物流学概论")
            Me.ListBox1.Items.Add("管理学概论")
            Me.ListBox1.Items.Add("管理经济")
            Me.ListBox1.Items.Add("供应链管理")
            Me.ListBox1.Items.Add("企业物流")
            Me.ListBox1.Items.Add("专业英语")
            Me.ListBox1.Items.Add("毕业作业")
    End Select
End Sub

Private Sub BtMoveSelectedRight_Click(ByVal sender As System.Object, ByVal e As System.EventArgs) Handles BtMoveSelectedRight.Click
```

```
        Dim i As Integer
        For i = Me.ListBox1.SelectedItems.Count - 1 To 0 Step -1
            Me.ListBox2.Items.Add(Me.ListBox1.SelectedItems(i))
            Me.ListBox1.Items.Remove(Me.ListBox1.SelectedItems(i))
        Next
        Major = ""
        For i = 0 To Me.ListBox2.Items.Count - 1
            Major = Major & Me.ListBox2.Items(i) & "|"
        Next
        If Major <> "" Then Major = Strings.Left(Major, Len(Major) - 1)
        StudentInfor(15) = Major
        RefreshResume()
    End Sub

    Private Sub BnMoveAllRight_Click(ByVal sender As System.Object, ByVal e As System.EventArgs) Handles BnMoveAllRight.Click
        Dim i As Integer
        For i = Me.ListBox1.Items.Count - 1 To 0 Step -1
            Me.ListBox2.Items.Add(Me.ListBox1.Items(i))
            Me.ListBox1.Items.Remove(Me.ListBox1.Items(i))
        Next
        Major = ""
        For i = 0 To Me.ListBox2.Items.Count - 1
            Major = Major & Me.ListBox2.Items(i) & "|"
        Next
        If Major <> "" Then Major = Strings.Left(Major, Len(Major) - 1)
        StudentInfor(15) = Major
        RefreshResume()
    End Sub

    Private Sub BnMoveSelectedLeft_Click(ByVal sender As System.Object, ByVal e As System.EventArgs) Handles BnMoveSelectedLeft.Click
        Dim i As Integer
        For i = Me.ListBox2.SelectedItems.Count - 1 To 0 Step -1
            Me.ListBox1.Items.Add(Me.ListBox2.SelectedItems(i))
            Me.ListBox2.Items.Remove(Me.ListBox2.SelectedItems(i))
        Next
        Major = ""
        For i = 0 To Me.ListBox2.Items.Count - 1
```

```vb
            Major = Major & Me.ListBox2.Items(i) & "|"
        Next
        If Major <> "" Then Major = Strings.Left(Major, Len(Major) - 1)
        StudentInfor(15) = Major
        RefreshResume()
    End Sub

    Private Sub BnMoveAllLeft_Click(ByVal sender As System.Object, ByVal e As System.EventArgs) Handles BnMoveAllLeft.Click
        Dim i As Integer
        For i = Me.ListBox2.Items.Count - 1 To 0 Step -1
            Me.ListBox1.Items.Add(Me.ListBox2.Items(i))
            Me.ListBox2.Items.Remove(Me.ListBox2.Items(i))
        Next
        Major = ""
        For i = 0 To Me.ListBox2.Items.Count - 1
            Major = Major & Me.ListBox2.Items(i) & "|"
        Next
        If Major <> "" Then Major = Strings.Left(Major, Len(Major) - 1)
        StudentInfor(15) = Major
        RefreshResume()
    End Sub

    Private Sub CBHobbyGame_CheckedChanged(ByVal sender As System.Object, ByVal e As System.EventArgs) Handles CBHobbyGame.CheckedChanged
        Hobby = SelectHobby()
        StudentInfor(10) = Hobby
        RefreshResume()
    End Sub

    Private Sub CBHobbyStock_CheckedChanged(ByVal sender As System.Object, ByVal e As System.EventArgs) Handles CBHobbyStock.CheckedChanged
        Hobby = SelectHobby()
        StudentInfor(10) = Hobby
        RefreshResume()
    End Sub

    Private Sub CBHobbyNet_CheckedChanged(ByVal sender As System.Object, ByVal e As System.EventArgs) Handles CBHobbyNet.CheckedChanged
        Hobby = SelectHobby()
```

```
        StudentInfor(10) = Hobby
        RefreshResume()
    End Sub

    Private Sub CBHobbyFriend_CheckedChanged(ByVal sender As System.Object,ByVal e As System.EventArgs) Handles CBHobbyFriend.CheckedChanged
        Hobby = SelectHobby()
        StudentInfor(10) = Hobby
        RefreshResume()
    End Sub

    Private Function SelectHobby() As String
        Dim tmp As String
        tmp = ""
        If Me.CBHobbyGame.Checked Then
            tmp = Me.CBHobbyGame.Text
        End If
        If Me.CBHobbyStock.Checked Then
            If tmp = "" Then
                tmp = Me.CBHobbyStock.Text
            Else
                tmp = tmp & "|" & Me.CBHobbyStock.Text
            End If
        End If
        If Me.CBHobbyNet.Checked Then
            If tmp = "" Then
                tmp = Me.CBHobbyNet.Text
            Else
                tmp = tmp & "|" & Me.CBHobbyNet.Text
            End If
        End If
        If Me.CBHobbyFriend.Checked Then
            If tmp = "" Then
                tmp = Me.CBHobbyFriend.Text
            Else
                tmp = tmp & "|" & Me.CBHobbyFriend.Text
            End If
        End If
        Return tmp
    End Function
```

```vb
Private Sub Button2_Click(ByVal sender As System.Object, ByVal e As System.EventArgs) Handles Button2.Click
    Me.Close()
End Sub
Private Sub RefreshResume()
    RichTextBox1.Clear()
    RichTextBox1.Text += "简  历" + vbCrLf
    RichTextBox1.Text += "学号:" + StudentInfor(1) + vbCrLf
    RichTextBox1.Text += "姓名:" + StudentInfor(2) + vbCrLf
    RichTextBox1.Text += "性别:" + StudentInfor(3) + vbCrLf
    RichTextBox1.Text += "学历:" + StudentInfor(4) + vbCrLf
    RichTextBox1.Text += "生日:" + StudentInfor(5) + vbCrLf
    RichTextBox1.Text += "婚姻状况:" + StudentInfor(6) + vbCrLf
    RichTextBox1.Text += "身份证号:" + StudentInfor(7) + vbCrLf
    RichTextBox1.Text += "入学时间:" + StudentInfor(8) + vbCrLf
    RichTextBox1.Text += "工龄:" + StudentInfor(9) + vbCrLf
    RichTextBox1.Text += "爱好:" + StudentInfor(10) + vbCrLf
    RichTextBox1.Text += "图片路径:" + StudentInfor(11) + vbCrLf
    RichTextBox1.Text += "身高:" + StudentInfor(12) + vbCrLf
    RichTextBox1.Text += "体重:" + StudentInfor(13) + vbCrLf
    RichTextBox1.Text += "专业:" + StudentInfor(14) + vbCrLf
    RichTextBox1.Text += "已修课程:" + StudentInfor(15) + vbCrLf
End Sub

Private Sub TBStudentNO_LostFocus(ByVal sender As Object, ByVal e As System.EventArgs) Handles TBStudentNO.LostFocus
    If Me.TBStudentNO.Text = "" Then
        Me.ErrorProvider1.SetError(Me.TBStudentNO, "必须输入学号!")
    Else
        If Me.TBStudentNO.Text.Length = 9 Or Me.TBStudentNO.Text.Length = 13 Then
            Me.ErrorProvider1.SetError(Me.TBStudentNO, "")
        Else
            Me.ErrorProvider1.SetError(Me.TBStudentNO, "学号为位或者位!")
        End If
    End If
End Sub

Private Sub TBStudentNO_TextChanged(ByVal sender As System.Object, ByVal e As System.EventArgs) Handles TBStudentNO.TextChanged
```

```
        StudentInfor(1) = Mc.TBStudentNO.Text
        RefreshResume()
    End Sub

    Private Sub TBStudentName_LostFocus(ByVal sender As Object, ByVal e As System.EventArgs) Handles TBStudentName.LostFocus
        If Me.TBStudentName.Text = "" Then
            Me.ErrorProvider1.SetError(Me.TBStudentName, "必须输入学生姓名!")
        Else
            Me.ErrorProvider1.SetError(Me.TBStudentName, "")
        End If
    End Sub

    Private Sub TBStudentName_TextChanged(ByVal sender As System.Object, ByVal e As System.EventArgs) Handles TBStudentName.TextChanged
        StudentInfor(2) = Me.TBStudentName.Text
        RefreshResume()
    End Sub

    Private Sub RBSexMale_Click(ByVal sender As Object, ByVal e As System.EventArgs) Handles RBSexMale.Click
        StudentInfor(3) = Me.RBSexMale.Text
        RefreshResume()
    End Sub

    Private Sub RBSexFemale_Click(ByVal sender As Object, ByVal e As System.EventArgs) Handles RBSexFemale.Click
        StudentInfor(3) = Me.RBSexFemale.Text
        RefreshResume()
    End Sub

    Private Sub RBDaZhuan_Click(ByVal sender As Object, ByVal e As System.EventArgs) Handles RBDaZhuan.Click
        StudentInfor(4) = Me.RBDaZhuan.Text
        RefreshResume()
    End Sub

    Private Sub RBBenKe_Click(ByVal sender As Object, ByVal e As System.EventArgs) Handles RBBenKe.Click
        StudentInfor(4) = Me.RBBenKe.Text
        RefreshResume()
    End Sub
```

```vb
Private Sub RBYanJiuSheng_Click(ByVal sender As Object, ByVal e As System.EventArgs) Handles RBYanJiuSheng.Click
    StudentInfor(4) = Me.RBYanJiuSheng.Text
    RefreshResume()
End Sub

Private Sub MaskedTextBoxBirthday_TextChanged(ByVal sender As Object, ByVal e As System.EventArgs) Handles MaskedTextBoxBirthday.TextChanged
    StudentInfor(5) = Me.MaskedTextBoxBirthday.Text
    RefreshResume()
End Sub

Private Sub CBMarry_CheckedChanged(ByVal sender As System.Object, ByVal e As System.EventArgs) Handles CBMarry.CheckedChanged
    If Me.CBMarry.Checked Then
        StudentInfor(6) = Me.CBMarry.Text
    Else
        StudentInfor(6) = "未婚"
    End If
    RefreshResume()
End Sub

Private Sub TBID_LostFocus(ByVal sender As Object, ByVal e As System.EventArgs) Handles TBID.LostFocus
    If Me.TBID.Text.Length <> 15 Or Me.TBID.Text.Length <> 18 Then
        Me.ErrorProvider1.SetError(Me.TBID, "身份证号必须是15位或者18位")
    Else
        Me.ErrorProvider1.SetError(Me.TBID, "")
    End If
End Sub

Private Sub TBID_TextChanged(ByVal sender As System.Object, ByVal e As System.EventArgs) Handles TBID.TextChanged
    StudentInfor(7) = Me.TBID.Text
    RefreshResume()
End Sub

Private Sub DateTimePickerEnroll_ValueChanged(ByVal sender As System.Object, ByVal e As System.EventArgs) Handles DateTimePickerEnroll.ValueChanged
    StudentInfor(8) = Me.DateTimePickerEnroll.Text
    RefreshResume()
```

```vb
    End Sub

    Private Sub NumericUpDownWorkYear_ValueChanged(ByVal sender As System.Object, ByVal e As System.EventArgs) Handles NumericUpDownWorkYear.ValueChanged
        StudentInfor(9) = Me.NumericUpDownWorkYear.Value
        RefreshResume()
    End Sub

    Private Sub PictureBox1_DoubleClick(ByVal sender As Object, ByVal e As System.EventArgs) Handles PictureBox1.DoubleClick
        '上传图片
        Dim FilenameSource, FilenameDest As String
        If Me.TBStudentNO.Text = "" Then
            MessageBox.Show("学号不能为空!")
            Exit Sub
        End If
        FilenameDest = Application.StartupPath + "\" + Me.TBStudentNO.Text
        OpenFileDialog1.Title = "导入照片"
        OpenFileDialog1.Filter = "All Image Files|*.gif;*.jpg;*.bmp"
        If OpenFileDialog1.ShowDialog() = Windows.Forms.DialogResult.OK Then
            FilenameSource = Me.OpenFileDialog1.FileName
            FilenameDest = FilenameDest & Strings.Right(FilenameSource, 4)
            IO.File.Copy(FilenameSource, FilenameDest, True)
            PictureBox1.Image = Image.FromFile(FilenameDest)
            MessageBox.Show("图片上传成功,图片存储在:" & FilenameDest)
        End If
    End Sub

    Private Sub BtSaveRTF_Click(ByVal sender As System.Object, ByVal e As System.EventArgs) Handles BtSaveRTF.Click
        If Me.TBStudentNO.Text = "" Then
            MessageBox.Show("学号不能为空!")
            Exit Sub
        End If
        Dim StrFileName As String
        '保存建立到rtf格式的文件
        Me.SaveFileDialog1.Title = "RTF 文件"
        Me.SaveFileDialog1.Filter = "Rich Text Format Files|*.rtf"
        If Me.SaveFileDialog1.ShowDialog = Windows.Forms.DialogResult.OK Then
            StrFileName = Me.SaveFileDialog1.FileName
            RichTextBox1.SaveFile(StrFileName)
```

                MessageBox.Show("RTF 文件保存成功！文件在:" & StrFileName)
            End If
        End Sub

        Private Sub BtSaveTxt_Click(ByVal sender As System.Object, ByVal e As System.
EventArgs) Handles BtSaveTxt.Click
            If Me.TBStudentNO.Text = "" Then
                MessageBox.Show("学号不能为空!")
                Exit Sub
            End If
            Dim i As Integer
            Dim strtmp As String = ""
            Dim StrFileName As String = Application.StartupPath + "\Record.txt"
            For i = 1 To 15
                If i = 15 Then
                    strtmp = strtmp + StudentInfor(i)
                Else
                    strtmp = strtmp + StudentInfor(i) + "   "
                End If
            Next
            Dim sw As IO.StreamWriter
            If IO.File.Exists(StrFileName) Then
                sw = IO.File.AppendText(StrFileName)
            Else
                sw = IO.File.CreateText(StrFileName)
            End If
            sw.WriteLine(strtmp)
            sw.Close()
            MessageBox.Show("保存到" + StrFileName + "成功!")
        End Sub

        Private Sub 字体 ToolStripMenuItem_Click(ByVal sender As System.Object, ByVal
e As System.EventArgs) Handles 字体 ToolStripMenuItem.Click
            If FontDialog1.ShowDialog() = Windows.Forms.DialogResult.OK Then
                RichTextBox1.SelectionFont = FontDialog1.Font
            End If
        End Sub

        Private Sub 颜色 ToolStripMenuItem_Click(ByVal sender As System.Object, ByVal
e As System.EventArgs) Handles 颜色 ToolStripMenuItem.Click

```vb
        If ColorDialog1.ShowDialog() = Windows.Forms.DialogResult.OK Then
            RichTextBox1.SelectionColor = ColorDialog1.Color
        End If
    End Sub

    Private Sub BtSaveToDatabase_Click(ByVal sender As System.Object, ByVal e As System.EventArgs) Handles BtSaveToDatabase.Click
        If Me.TBStudentNO.Text = "" Then
            MessageBox.Show("学号不能为空!")
            Exit Sub
        End If
        Dim Db As OleDb.OleDbConnection = New OleDb.OleDbConnection
        Dim cmd As OleDb.OleDbCommand = New OleDb.OleDbCommand
        Dim rowCount, i As Integer
        Dim InsertSQL As String
        Dim previousConnectionState As ConnectionState

        Db.ConnectionString = ConnString
        previousConnectionState = Db.State
        InsertSQL = "Insert into StudentInfor(studentno,studentname, " & _
            "field3,field4,field5,field6,field7,field8,field9,field10, " & _
            "field11,field12,field13,field14,field15) values("
        For i = 1 To 15
            If i = 15 Then
                InsertSQL = InsertSQL + "'" + StudentInfor(i) + "')"
            Else
                InsertSQL = InsertSQL + "'" + StudentInfor(i) + "',"
            End If
        Next
        Try
            If Db.State = ConnectionState.Closed Then
                Db.Open()
            End If
            cmd.Connection = Db
            cmd.CommandText = InsertSQL
            rowCount = cmd.ExecuteNonQuery()
            MessageBox.Show("插入成功!")
        Catch ex As Exception
            MessageBox.Show("错误!")
```

```
        Finally
            If previousConnectionState = ConnectionState.Closed Then
                Db.Close()
            End If
        End Try
    End Sub
End Class
```

9. 管理学生信息界面如图 12-4 所示，具体方法比较简单，可以参见第 11 章。

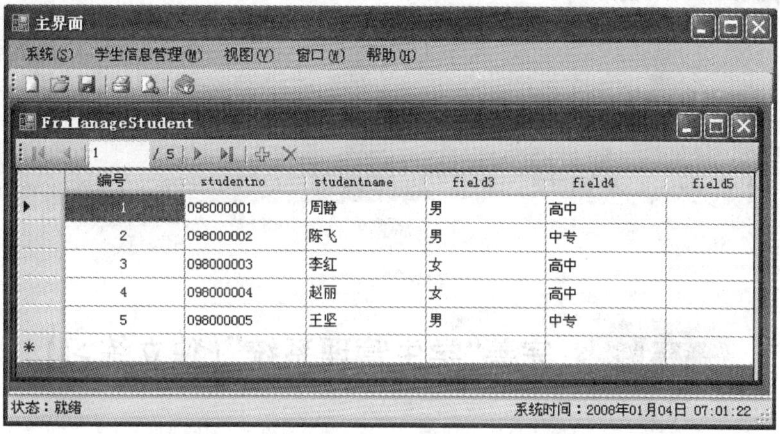

图 12-4 管理学生信息界面

10. 关于界面如图 12-5 所示，此界面和第 1 章的实验几乎相同，当然也可以采用向导来完成。

图 12-5 关于界面

小 结

本章中您学习了：
- 简单管理系统的构架
- 用户登录处理
- 权限设置
- MDI界面设置(包括工具条和状态栏)
- 函数的使用
- 输入错误提示
- 文件流处理和数据库处理

自 学

实验 完善"学生管理系统"(独立练习)

操作任务 根据每位学生的学习情况，对"学生管理系统"现有功能进行完善，或者增加新的功能。例如：用数据库的方式来判断用户名和密码的正确性；修改密码；登录或者操作日志；增加课程信息管理模块；增加成绩录入模块；增加成绩打印和统计模块；增加成绩查询模块等。

操作步骤

附录

附录 A 习题参考答案

第 1 章 VB.NET 2005 运行环境

一、选择题

1. C Visual Studio NET 集成开发环境编程语言有 4 种，分别为 VB,C++,c#,J#。
2. A 在 VB.NET 2005 中，在窗体上显示的文本都在 Text 属性中设置，以往 VB 6.0 控件具有的 Caption 属性在 VB.NET 2005 中都统一为 Text 属性。
3. B 每个控件必须有 Name 属性，表示控件的名称，如同变量名一样，以便在程序中对该控件实施各种操作。
4. B 在 VB.NET 2005 中，窗体的边框属性为 FormBorderStyle，是枚举类型。
5. A 在 VB.NET 2005 中，窗体上的控件外观属性都继承了窗体的对应属性。当窗体的 BackgroundImage 属性装入图片时，若窗体上有 Label 控件，则控件将覆盖窗体图片，影响美观。需要将 Label 控件设置为透明显示，在 VB.NET 2005 中通过 Label.BackColor 属性的 Transparent 枚举常量类数值。
6. A 对 Enabled 属性设置为 False 时，命令按钮以灰色显示，表示操作无效。
7. D Locked 属性防止在设计时移动控件；要使得文本不能修改，但可以选中文本，使用 Readonly 属性。
8. B 在 VB.NET 2005 中创建的窗体是类，而不是对象，必须要实例化。第一个窗体类 Form1 是类名，运行时系统自动实例化，用 Me 来表示当前窗体对象名；其余窗体要通过代码实例化。
9. B MultiLine 属性为 False 时，对 ScrollBars 设置的值均无效，而且输入的内容只能在上一行显示。

二、填空题

1. 引入了.NET 框架
2. 可视化编程技术
   用户只要在窗体上建立各种控件、设置有关的属性，系统会自动生成有关的代码，就可完成一个最简单的图形用户界面的程序。
3. 解决方案
   一个解决方案可以包含一个或多个项目。
4. 自动隐藏
   对于浮动窗体，指向窗口标题栏处按右键，就可显示窗口显示的特性。

5. 视图　工具箱　可停靠

第2章　基本控件

一、选择题

1. D　固定的窗体有窗体设计窗口和代码设计窗口两个最常用的窗口,其余都是浮动窗口。
2. C　用于编辑程序代码。
3. C　在 VB.NET 2005 中,一般一个应用程序是一个项目。创建项目时,系统自动创建以该项目名为文件夹名的文件夹,该文件夹下存放该项目有关的文件。
4. A　在其他基于 DOS 环境的高级语言中,只要把源程序编译成.exe 或.com 文件后,在其他计算机上均可运行。VB.NET 2005 程序编译生成的.exe 文件还需要支持文件,需要在.NET Frame2.0 环境下运行。
5. D　对初学者来说,要寻求帮助,选择要帮助的难题后按[F1]键是最快的途径。
6. B　这种错误是最好找的,指针指向波浪线处,系统显示错误的信息,提示改正。此类错误不改正,不可能生成.exe 文件。

二、填空题

1. VB 默认值
2. 对象的性质,来描述和反映对象特征的参数
3. 对象的动作、行为
4. Form 窗体　Font
   当首先对 Form 窗体的 Font 属性进行设置后,以后在该窗体上建立的控件字体格式都自动设置成 Form 窗体的 Font 属性,除非用户对某个控件再重新设置,但不影响其他控件。
5. 按分类　按字母
6. 全部保存

第3章　语言基础

一、选择题

1. B
2. C　下划线,下划线前面应有空格。
3. A　B 数字开头错误;C 是 VB.NET 表示整型关键字,不可使用;D 中间是减号。
4. D　A 是十进制整常数;B 是八进制整常数;C 是十六进制整常数。
5. B　A 是字符串变量;C 是字符串常量,不允许单引号;D 没有类型声明,则默认为 Object 类型的变量。
6. A　B 是整型;C 是字符型;D 是双精度型。
7. D　在 VB.NET 中 D 是货币类型的值类型字符,不能作为双精度指数符号。在 VB.NET 中,实数默认是双精度型。
8. B　掌握算术运算符优先级别和整除、取余运算符的使用。
9. B　参见本书表 3-7 和表 3-8。
10. C　次序为:/或*,\,Mod。
11. D　按 D 的表示,数学表达式为:abcd/3。
12. B　Rnd 随机函数产生 0~1(包括 0,不包括 1)的随机数。
13. C
14. B　掌握取子字符串函数 Mid 函数的使用方法。
15. A　Len 求的是字个数,在 VB.NET 中一个汉字、一个英文字符都是一个字。
16. C　A 的错误在于赋值号左边只允许是变量;B 的错误在于表达式最后不允许有分号";",其次是虽然允

许出现希腊字母 π,但它仅作为一个汉字字符,没有 3.14 值的特性,默认值为 0;D 的错误在于 3y 是非法的变量名。

17. A   B 的错误在于 VB. NET 规定不允许使用","作为语句分隔符;C 的错误是不能同时给 3 个变量赋值,此语句在 VB. NET 中语法没有错,但结果错;D 的错误 xyz 是一个变量。

18. D   MID("123456",3,2)的值为"34",与整数 123 进行"+"运算。在 VB. NET 中,"+"既可作算术相加,也可作字符串连接加,到底属于哪一种,就看两边的操作数:类型均相同,不必考虑;当类型不同时,一边是数字,另一边是数字字符,按算术加处理,否则出现"类型不匹配"的错误。本例中数字字符"34"自动转换成数值 34,再与 123 相加,结果为 157。

19. A   "&"是字符串连接符,连接的两边先转换成字符类型,再连接。

20. D   a*=b+10 相当于:a=a*(b+10)。

二、填空题

1. 整型   长整型   双精度型

2. (x mod 10) * 10+x\10

利用 x   mod 10 和 x\10 运算,可将一个两位数分离出来,要连接起来,通过乘 10 再加个位数即可。VB. NET 中由于 Mod 运算比乘法"*"运算级别低,必须加括号改变其优先级。

3. Math. Sin(15 * 3. 14/180)+Math. Sqrt(x+Math. Exp(3))/Math. Abs(x—y)—Math. Log(3 * x)

在 VB. NET 2005 中,数学函数是 Math 类的成员,因此要加 Math. 限定。最好的方法是在模块代码的最前面加 Imports System. Math 语句,这样在后面使用时不要加 Math. 的限定。sin()的自变量是弧度;ln (3x)不要写成 log(3x),这是非法的自变量名。

4. (a+b)/(1/(c+5)—c * d/2)

不要忘了加括号来改变运算次序。

5. x Mod 5=0 0r x Mod 9=0

如果写成"x Mod 5=0 And x Mod 9=0",则表示 x 既是 5 的倍数又是 9 的倍数。

6. False

按照运算符的优先级别来判断。

7. —4   3(Int(x)函数取不大于 x 的整数)   —3   3(Fix(x)函数去除小数部分)   —4   4(Round (x)四舍五入取整)

8. CDEF

9. x>0 And Y>0 Or x<0 And Y<0

10. UCase(s)>= "A"And UCase(s)<= "Z"

11. Rnd() * 900+100   (产生 100~999 之间的正整数)

((x Mod 100)\10) * 10 (通过 Mod 和\(整除,将一个三位数分离,再通过乘以 100,10,将 3 个个位数合并成一个三位数,这些运算希望学生熟练掌握。)

第 4 章   流程控制

一、选择题

1. D

2. C

3. A   x 没有赋值,默认为 0。而在 VB. NET 中,0 作为逻辑常量 False,非 0 作为 True。

4. C   在 VB. NET 中,赋值语句的形式与有等号的关系表达式形式相同,系统自动根据其所处的位置进行语法检验。

5. A   错误原因不管 x 取何值,"f=x * x+3"语句始终执行。

6. D 对于多分支选择,一般从最小值开始判断,依次增大;或者从最大值开始判断,依次减小。这样不会被众多的条件所迷惑,或考虑不周而漏掉某个条件的判断。

7. A

8. A B错在 duty="教授"or duty="副教授"要加括号,否则条件表达式意义就变了,因为 Or 的优先级低,变成什么意义的条件请读者考虑;C错在 VB.NET 2005 中 Rigth 优先认为是控件的属性,要作为取右边子串的话,就要加限定:"Microsoft.VisualBasic";错在"duty="教授" And duty="副教授"",不能用 And,而应该用 or,因为一个人的职称不可能既是教授,又是副教授。

9. D 原因同第 5 题。

10. A

11. B A少了终值;C循环体外转入循环体内,没有执行 For 语句,循环的初值、终值、步长未知;D循环控制变量不统一。

12. B

13. B 在内循环体内,对存放阶乘的变量 n 赋初值,其结果是 1 2 3 4。

二、填空题

1. Mid(c,3,1)= "C"

2. 7
   Rnd 的值在 0 到 1 之间,包括 0 但不包括 1。

3. UCase(Mid(TextBox1.Text,i,1))
   "A","E","I","O","U"
   CountC

4. x>20   x<10   Is>20   Is<10

5. x+y>z And x+z>y And y+z>x(构成三角形的任意两边之和大于第三边)
   x=y And y=z
   x=y Or y=z Or x=z

6. d.year Mod 4=0 And d.year Mod100<>0   (d year 表示取 d 日期变量的年份)
   d.Year

7. 33   (循环次数=$\frac{循环终值-循环初值}{步长}+1$)

第 5 章 数组

一、选择题

1. B   2. D   3. B   4. B   5. D

二、填空题

1. A(0,2)   2. 0   3. 相同   4. 2 和 3

第 6 章 程序调试与异常处理

一、选择题

1. D   2. D   3. B   4. B

二、填空题

1. 运行   2. 监视   3. 中断   4. 语法   5. Number
6. Finally   7. System   8. Message   9. 前

第7章 过程

一、选择题

1. A 2. B 3. A 4. C 5. C

二、填空题

1. ByRef 2. optional 3. 函数过程有返回值,通用过程无返回值 4. 15 20 15 55

第8章 常用控件

选择题

1. C 2. D 3. B 4. C 5. A 6. C 7. C 8. A 9. B 10. A 11. A
12. B

第9章 界面设计

选择题

1. C 2. D 3. A 4. A 5. B 6. C 7. D 8. A 9. D 10. A

第10章 文件访问技术

选择题

1. D 2. A 3. B 4. C

第11章 简单数据库编程

选择题

1. C 2. B 3. D 4. C

附录 B 数据类型之间转换的函数

下列函数用于将表达式中的值转换成指定的数据类型，如表 1 所示。

表 1 附录 B-1

函数	返回类型
Convert.ToBoolean(Expression)	Boolean
Convert.ToDateTime(Expression)	Date
Convert.ToDecimal(Expression)	Decimal
Convert.ToDouble(Expression)	Double
Convert.ToInt16(Expression)	Short
Convert.ToInt32(Expression)	Integer
Convert.ToInt64(Expression)	Long
Convert.ToSingle(Expression)	Single
Convert.ToString(Expression)	String
Convert.ToUInt16(Expression)	Unsigned Short
Convert.ToUInt32(Expression)	Unsigned Integer
Convert.ToUInt64(Expression)	Unsigned Long

还可以使用 VB 命名空间的函数来实现转换。

注意 表 1 的 Convert 函数可以用在所有的 .NET 语言中，而表 2 的函数只能用于 VB 中。

表 2 附录 B-2

函数	返回类型	函数	返回类型
CBool(Expression)	Boolean	CObj(Expression)	Object
Cdate(Expression)	Date	CShort(Expression)	Short
CDbl(Expression)	Double	CSng(Expression)	Single
CDec(Expression)	Decimal	CStr(Expression)	String
CInt(Expression)	Integer	CType(Expression,NewType)	指定的类型
CLng(Expression)	Long		

附录 C 用于检查合法性的函数

VB 命名空间也包含可以用来检验合法性或类型的函数，如表 3 所示。这些函数在早期版本的 VB 中被广泛使用，但在 .NET Framework 中使用这些方法有更好的解决方案。

表 3 附录 C

函　数	返回值
IsNumeric(Expression)	布尔值：如果表达式是一个合法的数字值就返回 True
IsDate(Expression)	布尔值：如果表达式是一个合法的日期值就返回 True
IsNothing(ObjectExpression)	布尔值：如果目标表达式当前并没有分派实例就返回 True

附录 D 用于格式化输出的函数

VB 也有一些格式化函数，如表 4 所示，它们包含在 VB 命名空间中。与 VB 中的方法相比，使用 ToString 方法可以更好地与 .NET 语言兼容。

表 4 附录 D

函　数	作　用
FormatCurrency(Expression To Format[,NumberOfDecimalPositions[,LeadingDigit[,UserParenthesesForNegative[,GroupingForDigits]]]])	格式化输出货币
FormatDateTime(Expression To Format[,NamedFormat])	格式化输出日期和时间
FormatNumber(ExpressionToFormat[,NumberOfDecimalPositions[,LeadingDigit[,UserParenthesesForNegative[,GroupingForDigits]]]])	格式化小数，按所需的规则舍入
FormatPercent(ExpressionToFormat[,NumberOfDecimalPositions[,LeadingDigit[,UserParenthesesForNegative[,GroupingForDigits]]]])	格式化输出百分比

附录 E VB.NET 2005 主要关键字

VB.NET 2005 主要关键字如表 5 所示。

表 5 附录 E

关键字	关键字功能
As	引入 As 子句，该子句用于标识数据类型
ByRef	指示参数可以这样的方式传递； 所调用过程可以更改呼叫代码中参数的基础变量的值
ByVal	指示参数可以这样的方式传递； 被调用的过程或属性不能更改调用它的代码中参数的基础变量的值
Case	引入一个值或一组值，用做测试表达式的值的依据
Each	指定在 For Each 循环中使用的循环变量
End	当与其他关键字一起使用时，End 指示过程或块的定义的结尾
Handles	用于声明处理指定的事件的过程
Is	引入 Is 子句，用于进行比较
Me	引用当前在其中执行代码的类或结构的特定实例
New	引入 New 子句，该子句创建一个新的对象实例
Private	将私有访问权限授予一个或多个被声明的编程元素
Protected	将受保护访问权限授予一个或多个被声明的编程元素
Public	将公共访问权限授予一个或多个被声明的编程元素
ReadOnly	指示可对变量或属性进行读操作但不能进行写操作
Shared	指示一个或多个被声明的编程元素将被共享
Static	指示一个或多个被声明的变量是静态的
WriteOnly	指示可以对属性进行写操作但不能进行读操作

附录 F 参考文献

[1] 龚沛曾,陆慰民,杨志强,袁科萍. Visual Basic. NET 程序设计教程(第二版). 北京:高等教育出版社,2010.
[2] 罗斌,罗兴禄等. Visual Basic 2005 编程技巧大全. 北京:中国水利水电出版社,2007.
[3] Julia Case Bradley, Anita C. Millspaugh. Visual Basic. NET 程序设计. 北京:清华大学出版社,2008.
[4] 童爱红,刘凯. VB. NET 2005 应用教程. 北京:清华大学出版社,2005.
[5] 孙强,王萍萍,赵俊丽. Visual Basic. NET 2005 基础与实践教程. 北京:电子工业出版社,2007.
[6] 郑阿奇. Visual Basic. NET 实用教程. 北京:电子工业出版社,2008.
[7] 李印清等. Visual Baxic. NET 程序设计实用教程. 北京:清华大学出版社,2007.
[8] 朱本城,王凤林. Visual Basic. NET 全程指南. 北京:电子工业出版社,2008.
[9] 李婷婷,黄志超. Visual Baxic. NET 项目开发实践. 北京:中国铁道出版社,2003.
[10] 沈大林. Visual Basic. NET 实例教程. 北京:电子工业出版社,2006.

图书在版编目(CIP)数据

程序设计基础实践教程/陈海建主编. —上海:复旦大学出版社,2014.1
ISBN 978-7-309-09990-4

Ⅰ. 程… Ⅱ. 陈… Ⅲ. 程序设计-高等职业教育-教材 Ⅳ. TP311.1

中国版本图书馆 CIP 数据核字(2013)第 182906 号

程序设计基础实践教程
陈海建　主编
责任编辑/梁　玲

复旦大学出版社有限公司出版发行
上海市国权路 579 号　邮编:200433
网址:fupnet@ fudanpress.com　http://www.fudanpress.com
门市零售:86-21-65642857　团体订购:86-21-65118853
外埠邮购:86-21-65109143
大丰市科星印刷有限责任公司

开本 787 × 1092　1/16　印张 18　字数 416 千
2014 年 1 月第 1 版第 1 次印刷

ISBN 978-7-309-09990-4/T·487
定价:40.00 元

如有印装质量问题,请向复旦大学出版社有限公司发行部调换。
版权所有　侵权必究